U0169229

# 纸书久远

## 印本文化研究

孙宝林 主编

中国青年出版社

**图书在版编目（CIP）数据**

纸书久远：印本文化研究 / 孙宝林主编. -- 北京：中国青年出版社，2023.9
ISBN 978-7-5153-6925-9
I. ①纸… II. ①孙… III. ①印刷史－研究－中国 IV. ① TS8-092

中国国家版本馆 CIP 数据核字（2023）第 025088 号

书　　名：纸书久远：印本文化研究
主　　编：孙宝林
出版统筹：尚莹莹
责任编辑：陈　静
出版发行：中国青年出版社
社　　址：北京市东城区东四十二条 21 号
邮　　编：100708
网　　址：www.cyp.com.cn
门 市 部：（010）57350370
印　　刷：北京中科印刷有限公司
经　　销：新华书店

开　　本：710mm × 1000mm 1/16
印　　张：13.5
字　　数：150 千字
版　　次：2023 年 9 月北京第 1 版
印　　次：2023 年 9 月北京第 1 次印刷
定　　价：88.00 元

主编

## 孙宝林

现任十四届全国政协委员，中国版权保护中心（中华版权代理中心）党委书记、主任，兼任中国版权协会副理事长，第二届全国编辑出版学名词审定委员会顾问。

曾任中国印刷博物馆馆长，《印刷文化（中英文）》学术期刊首任主编，原国家新闻出版广电总局出版产品质检中心党组书记，原新闻出版总署人事司副司长，原西藏新闻出版局党组副书记、副局长兼版权局副局长等。

被聘为中国科协首席科学传播专家、国家图书馆“文津讲坛”特聘教授、国家社会科学基金特别委托项目首席专家。央视《开讲啦》等栏目主讲嘉宾。合著《传统的未来：印刷文化十二讲》，俄文版入选“2022年经典中国国际出版工程”，英文版即将出版。首倡我国印刷文化研究，“印刷文化”入选全国科技名词词条。论文《试论开展印本文化研究的价值和意义》被《新华文摘》转载，《讲好版权文化故事》一文被学习强国平台转推，阅读量超过430万人次。发表论文及文章30余篇。关于规范剧本娱乐版权的话题，全网传播达1.5亿人次。

# 目 录

# 序言
# 让印本文化根存叶在

当2023年的第一缕阳光从地平线升起，全球不同时区的人们将陆续迎来新年的第一缕阳光。由此，地球村的村民开启了新一年的工作和生活。

其实，这新年的第一缕阳光早已从太阳发出，只是由于时空的距离，地球人刚刚接收到而已。今天，呈现给读者的这本书，其讲述的印本文化也是从一千多年前一路走来，经过策划挖掘以及作者和编辑的劳动，我们把它凝结起来奉献给大家。

对于印本文化这个表述，读者乍听起来可能有些生疏。其实，今天的人们都受益于它。就像我在《开讲啦》电视节目中所讲，如果没有印刷术，没有印本，今天我和很多人可能都是文盲。通俗地讲，印本文化就是凝结在书报刊等出版物遴选加工、刊刻印刷之上的精神劳动和技术工艺。开展印本文化研究，就是挖掘和认识不同年代不同时期出版物所反映的时代变迁和精神风貌。

就我国三千年的出版史来说，出版物大致可分为抄本、印本和数本三种形态。在我国印刷术发明之前，人们日常记录文字是以抄写的方式写在竹简、木牍、丝帛和纸张等载体之上。以抄写的方式记录文书或经典，纳入出版活动即称为抄写出版。我国于东汉初年由蔡伦发明了造纸术，隋末唐初我国又发明了雕版印刷术，宋代布衣毕昇发明了活字印刷术。纸张和印刷成为出版活动的基础、技术和载体。

由隋唐至宋，印刷出版技艺逐渐完善。至宋代，我国的刻印出版日臻精美。千余年来，雕版印刷、活字印刷、影印、石印、珂罗版印刷、汉字激光照排等相继登场。至近现代，机器印刷以其高效率和印制精美的优势，占据了人们精神生活的主流。数字时代，数字印刷、数字出版、融合出版方兴未艾。

直到今天，我们手捧纸墨经典翻阅诵读，从纸上文字领略古代先贤智慧，开启与大师智者对话，了解中华民族悠久的历史和璀璨的文化，这让我们的精神得以充盈。我们要感谢印本（纸书）承载的文化积淀和文明的源远流长。我们要心怀敬畏来崇敬自印刷术发明以来不断凝结的印本文化。引用一位哲人的话，就是它让我们之所以作为人而能够成为人。

在数字化的今天，对读者来说，电子书、听书、网络文学等方便快捷，但难以替代纸质阅读带来的阅读体验，尤其是经典阅读。印本（纸书）承载的版式设计、图文编排、知识信息的考证注疏，是大众获取和树立正确知识系统的重要来源和可靠载体。

近几年，我欣喜地看到部分学者先后发表关于印刷文化、印本文化的著述或文章，这初步营造了一方文化园地，吸引和凝聚越来越多的学人耕种采摘，让印本文化根存叶在、枝头花开。“印刷文化”业已编入全国科技名词委《编辑与出版学名词》词条。本人作为在国内首倡印刷文化传承、传播者，深感欣慰。这也是我作为中国科协聘任的科学传播首席专家履职尽责的一份努力吧！

愿本书能成为印刷文化园地的一粒种子，在众人的关注和浇灌下生根发芽、成长壮大。以此，向古代印刷术发明国致敬！向被誉为“人类文明之母”的我国古代印刷术发明致敬！向在千年印刷术革新和发明的历史进程中创造出一个又一个高峰的伟大先贤致敬！

2023 年 8 月

# 第一章
# 印本的呈现与演变

时代的发展、文化的兴盛、审美的变化，赋予了印本不同的文化色彩，让我们解读到不同时期印本独有的文化特色。印本作为中华历史文化的传承、传播载体，在文本内容上推动中华文脉生生不息，在呈现形式上亦展现了中华文明独有的文化魅力。

## 一、印本的历史

中国有着十分漫长而又辉煌的印刷历史，这是世界其他国家所无法媲美的。在这段 1400 多年的印刷历史中，我们先人创造了

谷舟　中国印刷博物馆副研究馆员

许多印刷精美的印刷品，为知识的传播做出了卓越贡献。千余年来，印本随着印刷技术的进步、时代文化变迁而不断发生改变。从隋唐之际出现雕版印刷术，刻印本开始兴起；到北宋庆历年间毕昇创造活字印刷术，活字印本应运而生；元明清之际，套印技术得到发展，多色套印书籍使得传统印本的艺术魅力得到极大彰显。近代以来，德国人谷登堡（Johannes Gutenberg）发明的铅活字印刷机及其配套的铅活字印刷工具，推动了机器印刷的发展。此后，近代机械印刷技术的不断进步，为印本的持续发展注入了生机。[①]

隋唐时期，雕版印刷术在印刷科举文书、历书、宗教文书方面发挥了重要作用。如唐代长庆四年（824）元稹为白居易《长庆集》作序："乐天《秦中吟》《贺雨》讽谕闲适等篇……其缮写模勒，炫卖于市井，或持之交酒茗者，处处皆是。"清代赵翼于《陔余丛考》中对"模勒"一词加以考据，指出其"即刊刻也，则唐时已开其端矣"。除此之外，在唐代的相关史料中，如《旧唐书·冯宿传》、柳玭《家训》《冯宿禁版印时宪书奏》……都记录了雕版印刷术运用的记录。除文献记载外，考古遗址出土了一批唐代的印本实物。在西安一些唐代的墓葬中，墓主将一些雕印的经咒置于随葬的臂钏、铜管、铜腭托等器物中，使得这些在墓葬中极易腐蚀的经文得以保存。目前遗址中发现的早期印刷品主要为宗教印刷品与历书，其中佛教印刷品所占比重约为95%。绝大

① 孙宝林．试论开展印本文化研究的价值与意义［J］．北京：印刷文化（中英文），2020（01）：13—19.

多数印刷品尺寸较小，高 20～40 厘米左右，长 20～30 厘米左右。部分卷轴装经文较长，如目前世界上现存最早的有明确纪年的雕版印刷品——唐咸通九年（868）《金刚般若波罗蜜经》长达 499.5 厘米、高 27.6 厘米，是目前发现尺幅最大的早期雕版印刷品。我国绝大部分早期印刷品发现于西安，在四川及河南洛阳等地区亦有零星发现。

到五代时期，雕版印刷术得到了官方大力推广。后唐宰相冯道倡议刻印《九经》。此大部经典历经 22 年时间完工，标志着官府大规模刻书的开始。五代时期，雕版印书的范围、规模、品种及数量进一步扩大。根据考古发掘资料，在敦煌、江浙一带出土了不少五代时期的雕版印刷品。敦煌的宗教供奉版画独具特色。供奉的菩萨多达十余位，数量颇多且刻印质量极佳。江浙的吴越国更是开官府大规模刻经之先河，于丙辰岁（956）、乙丑岁（965）、乙亥岁（975），三次雕印《宝箧印陀罗尼经》各八万四千卷，藏于铜、铁阿育王塔及雷峰塔内，数量巨大，在中国印刷史上占据重要一席。

宋代是中国古代印本的兴盛时期。此时，刻本校勘精细，印刷精良，用纸用墨都较为讲究，为后世刊刻奠定了模板，具有很高的历史价值、学术价值和艺术价值。此时印书事业遍布全国，尤以开封、眉山、杭州、福建刻书事业最为兴盛，形成了官刻、家刻和坊刻并举的三大系统。同代的辽、金、西夏亦发现了不少经典印本。元代重要的印刷集中地区有大都、平阳、杭州、建宁，西部吐鲁番地区也有一定数量的印刷。此时，中国印刷术西传至欧洲，对欧洲社会发展影响深远。

明清是中国古代印刷术发展的顶峰。在朝廷崇尚文治、文人重文崇著的背景下，传统图书出版进入发展的黄金期。大规模廉价图书的出版，使得书籍成为较为普及的居家用品。此时的印本无论是在数量规模上，还是内容的丰富度上，抑或装帧设计的创新上都远远超过历朝规模。明代永乐十九年（1421）开始建立司礼监经厂，到嘉靖年间，已有刻版、刷印、装订、制墨、制笔等工匠千余人，是历史上最大的印刷工厂。清晚期是中国古代手工印刷技术向近代机械印刷技术的过渡时期，传统的雕版和活字印刷逐渐被西方的石印、铅印术所代替。

中国雕版印刷术的运用与发展，为中华优秀文化的传承发展提供了中国要素的技术支撑。截至 2020 年，中国古籍普查登记基本数据库累计发布了 224 家单位，古籍普查数据 825,362 条、7,973,050 册。通过搜索古籍“刻本”发现标识为刻本的古籍记录高达 599,609 条。此数据占古籍总比例的 72.6%，足见刻本在古籍中的重要分量。活字印本是古代印本中的另一重要门类。活字印刷术是印刷发展史上的第二座重要里程碑。它改变了以往雕版进行整版雕刻的特点，采用单字组合拼版方式进行书籍的复制出版。[①] 从木活字本对传统文化的记述到铅印本对近现代文学、数学以及天体物理等科学知识的传播，印本见证了时代的变迁、文明的进步。

---

① 孙宝林，尚莹莹 . 印刷文化十二讲［M］，太原：山西经济出版社，2020：60.

近代以来，印刷成为社会变革的一大重要助力。孙中山在《实业计划》中将印刷工业与衣食住行四种物质工业相并列。印刷术成为推动国家发展、影响国民生活、衡量社会文明的一个重要尺度。机械印刷技术的广泛运用，在改变社会进程的同时，极大地推动了书籍的普及与教育的发展。印本呈现出了新的生机与活力。不同于传统手工的雕版刻本、活字印本，机械印刷的印本名目繁多。随着凸、凹、平、孔（漏）印刷技术的发展，拍照、扫描、复印等技术的运用，石印本、珂罗版印本、影印本、胶印本等版本层出不穷，印本向“更好、更快、更美”的目标不断前进。

## 二、印本的艺术

书籍装帧、版面设计是印本的灵魂所在。中国人爱书护书的情怀赋予了不同书籍以别样的装饰魅力。书籍由先前单一的使用功能逐步兼具审美功能。文人与匠人的结合，使中华的书籍兼顾阅读与悦目。在印本艺术成就方面，中华书籍独具一格，世所罕见。

千余年来，印本在发展过程中不断总结出版的规章准则和式样规格，书籍的版面格式、封面、开本、插图、注释、页码、版权页等“视觉呈现要素”随时代发展不断优化，印本的装帧经历了卷轴装、经折装、蝴蝶装、包背装、线装。近代以来，随着印刷方式的改变，书籍的装帧随之变化，出现了骑马订装、无线胶装、锁线胶装、环装、维乐装、盒子式精装、铜钉精装等，书籍装帧艺术形式精彩纷呈。

前人对印本的版面、艺术设计研究颇丰，形成了大量的研究成果。自清代叶德辉《书林清话》广泛考据历代书籍状况及特点以来，印本研究成果层出不穷。本节有关印刷艺术的研究内容主要基于魏隐儒先生《古籍版本鉴定丛谈》[①]，李致忠先生的《古书版本学概论》[②]《古籍版本知识500问》[③]等著作。

### （一）古代印本的专业术语

解读古代印本，必须先了解印本的专业术语。除分析书籍的内容外，印本的版面格式各有讲究，形成了特有的文化。

有关印本的量词较为丰富。如卷、册、函等称谓。卷的由来与早期卷轴装的简牍、帛书密切关联。在简牍或帛书上写完字后，古人将其卷起。受限于书写材料本身固有的缺陷，这一卷书中多为一篇或多篇文章内容。如《史记》由130卷组成。册为编串好的竹简，一册即为一本书。因不同的编辑需要，同一本书册数亦会有所不同。如《史记》卷数与字数是相对固定的，而册数会因为不同的需求呈现较大区别。函为书函，是古人为保护书籍而采取的一些措施。一些册数多的书籍会做上书函。书函样式一般有

---

① 魏隐儒．古籍版本鉴定丛谈［M］．太原：山西人民出版社，1978.

② 李致忠．古书版本学概论［M］．北京：书目文献出版社，1990.

③ 李致忠．古籍版本知识500问［M］．北京：北京图书馆出版社，2001.

夹板式、封套式、书匣式。夹板式相对简易，将线装书放在两块梨木或樟木板下，用丝带通过上下两块夹板的穿孔，将书籍系牢。封套式是做成函套将线装书置于其中。有露出书上下切口的“四合套”，还有全部包裹起来的“六合套”。函套外贴上书籍的名称。书匣式是将线装书放置于类似现代抽屉的书匣中。书匣上标识书籍相关情况，便于查阅。带有书函的印本可用函计数。

书衣是书籍的封面，又称书皮、封皮，是书籍给读者最直接的呈现，直接决定了读者对书籍的第一印象。一些重要典籍，书衣制作极为讲究，尤其是官府书籍书衣制作极为精美，采用不同颜色的纸张或绢绫做成。如清代《四库全书》书衣采用青、红、蓝、灰四种颜色分别标志经、史、子、集四库，极具特色。

古代印本中，常用“叶”来指代书页。然而，古代的“叶”与现代的“页”有所区别。古代印本中的“叶”为一整页，即雕版印刷一张纸后的整张版面，相当于现代的两页。页码也通常在书叶版心正中标记。

千余年来，书商们设计了不同的印本版面。常见的方形版面上有天头，下有地脚。版面中心为书口。古人有时会在书叶正中央处设计鱼尾、象鼻等，标识书名、卷号、页码等信息。除常见的单栏版面外，还有两节版、三节版。两节版的版面分为上下两栏，上栏常为图画或注释，下栏为正文。根据出版需求调节双栏边距版面内容大小；三节版则分为上、中、下三栏，一般为上栏注评、中栏图画、下栏正文的形式。此外，一些明清坊刻为节约成本，将不同内容的书籍组合拼版印刷出版。组版而成的版面分成两个单独的部分，各有版式。如将《论语》与《孟子》两本书组版印刷，一本书上方为《论语》，下方为《孟子》。读者购买此一本书，即可达到读两本书的目的。

版框作为文字的边栏，它起着规范整齐版面的作用。刻印本版框需要将文字周边区域挖空，才能使文字凸显。活字印刷术同样需要采用版框将活字固定在框内。相对而言，雕版的版框一般严丝合缝，而活字版框可能四角存在一定的缝隙。不同时期版框特点有所不同，但并非固定套式。如北宋刻本版框多为双边，南宋以后刻本版框多为单边，或上下单边、左右双边。

天头为版框上方空白区域，地脚为版框下方空白区域，相当于现代书籍的上下页边距。古代印本大多天头宽而地脚窄，体现了以天为尊的思想。天头、地脚处皆可作阅读批注之用。明清套印本在此处套印名家注释。天头、地脚的留大、留小，还与纸张利用率、成本、定价、设计者风格息息相关。

界行是每行文字之间的分界线。这是古代竹简、木简的遗韵。雕版中界行的呈现，是由于刻工在刻字时未将文字分界线剔除。而活字印刷的界行通常采用竹木条片将文字隔开，如元代王祯《农书》中记载，“今又有巧便之法，造板木作印盔，削竹片为行”。在西夏活字印本《吉祥遍至口和本续》中可见字行间有长短不一、墨色深浅有差的线条。界行还可以作为版本鉴定的一个依据。如南宋杭州陈宅书籍铺刻本，半叶惯用十行十八字。其中最负盛名的《唐女郎鱼玄机诗》即有此特点。近代以来，印刷方式的改变，书籍基本都取消了界行的设计。“界行”可视为我国古代手工印本的一大技术特色。

鱼尾是古籍印本版心常见且固定的一种标志性款式。鱼尾在版心中的功能主要是对折书叶。如黄永年《古籍版本学》称："鱼尾分叉的地方，正当版面的中心，可以作为对折书叶的标准点，这也是所以要在版心设计鱼尾的目的，不仅为了加个图案形象以增添美观。"以颜色来分，鱼尾有黑、白之分；按数量来分，又有单鱼尾、双鱼尾之别。上下鱼尾的中间部分为版心，版心处常常会题写书籍的卷次篇名，后世保留了其大致形状与功能，便形成了如今的书名号。关于鱼尾命名，解释各有不同。从文化表层剖析，鱼尾表示翻转，有相续的意思，表示书籍中的每页都是相延续的。另有不少人认为鱼尾寓意与防火有关。在古籍里设计鱼尾，寄托书籍永久传世的美好意愿。

象鼻是古籍版心或鱼尾上下方至边栏位置的一段黑线，因形状酷似象鼻而得名。象鼻也是为方便折叠而设计。象鼻位于书叶的中轴线，是折叠书叶的参照线，它由最初的细线演变为后来的粗线。印本中出现象鼻，即意味此书为黑口本；无象鼻者为白口本。黑口有上黑口与下黑口、细黑口与粗黑口之分。粗黑口较细黑口来说，是一个完善：一来减省了刻工剔除黑口两边多余木料的工时，二来又突出了书口处的整体设计美感。但就折叠书叶标识的功能来说，粗黑口显然不及细黑口，黑口所承担的功能性的淡化其实得益于鱼尾的产生与发展。

书耳位于版框之外，一般用来题写篇名，方便翻阅时查找。书耳出现存在于蝴蝶装之中，在不少的宋刻本中见有此式。在包背装代替蝴蝶装之后，版心内折，书耳不便审阅，逐渐消失。

刊语是刊印者加刻的文字，不属于正文，主要是注明刊印者的姓名、刻书的地点和时间。刊语是版本学家进行版本鉴定的重要依据。如南宋临安府陈宅经籍铺刊本《朱庆馀诗集》文末刊语“临安府睦亲坊陈宅经籍铺印”。临安府刻的《汉官仪》卷末刻有刊语“绍兴九年临安府雕印”。目前所见印本中最早的刊语，当为唐咸通九年刊刻的《金刚般若波罗蜜经》卷末刊语“咸通九年四月十五日王玠为□□二亲敬造普施”。

牌记内容与刊语相近，只是文字的四周环以墨围，形成了一个独立的单元。其作用与今天的版权页相似，用以表示特色和所有权。墨围除常见的长方形外，还有花纹形、钟形、鼎形、波浪框形、龟座螭头碑形、龙牌等等，形式各异、匠心独运。牌记与刊语的文字有多有少，少者在十字以内，多者可达数百。内文文字除正常的楷体字外，还有篆书牌记。如宋廖氏世彩堂刻本《昌黎先生集》，采用的就为篆书牌记。一些牌记中更是字画结合。如明弘治五年（1492）詹氏进德书堂刻《大广益会玉篇》牌记可谓匠心之作，内文不仅字画并举，而且设计为中堂、楹联及横批模式。牌记中的文字除常见的阳刻印法外，还有较为少见的阴刻印法。如明正德十年（1515）华坚兰雪堂铜活字印本《艺文类聚》采用的即为黑底白字阴刻牌记。最为知名的牌记为宋眉山程舍人宅刊行《东都事略》。其牌记记于目录之后，标识“眉山程舍人宅刊行 已申上司不许覆板”。这是目前发现最早的版权标记。牌记是审定古籍版本的重要依据，为开展历史研究提供了第一手资料，是古籍印本信息载体不容忽视的重要组成部分。

### （二）印本的装帧

#### 1. 卷轴装

卷轴装是早期印本最主要的装帧形式之一。在手抄本向印本过渡之际，造纸术的普遍运用，纸本书籍的出版仍沿用传统简牍、帛书卷收的习俗。这一习俗亦为印本所继承。如唐咸通九年（868）《金刚般若波罗蜜经》即采用卷轴装方式。卷轴装的纸书从东汉一直流行到宋代，随着造纸术和印刷术的兴起，才被册页装的书籍装帧形式所取代。卷轴书籍包括卷轴、卷带、卷帙、卷签等。卷带是用来捆绑书卷的，不同颜色的卷带可以用来区别不同门类的书籍。卷帙为保护卷子的书衣。用帙包书只包裹卷身，卷子两边的卷轴露在外面。为便于找书，在卷轴上悬挂卷签，写上书名和卷次。考究的古籍用象牙作卷签，因此有“牙签万轴”来形容藏书甚多的说法。卷轴装流行千年之久，也深刻嵌入了中华文化。如今的成语——卷帙浩繁、手不释卷、读书破万卷、开卷有益，都与卷轴装有着密切的关联。

#### 2. 经折装

经折装最初用于佛教经典，是在卷轴装的基础上改造而来的。印好的书叶经过系统地折叠，于首页、末页进行装帧处理，用硬纸作为封面和封底。清代高士奇在《天禄识余》中指出：“古人藏书，皆作卷轴……此制在唐犹然。其后以卷舒之难，因而为折。

久而折断，乃分为薄帙，以便检阅。”中国历朝刻印的大藏经多为经折装装帧方式。如宋代的《毗卢藏》《碛砂藏》，明代的《永乐南藏》《永乐北藏》。清代刻印的汉文大藏经《龙藏》采用79,036块经版刻印而成，折成经折装，分为724函，7169卷。目前，众多刻印的大藏经版本中，只有清代《龙藏》雕版保存至今，为了解经折装工艺提供了重要的实物资料。经折装上承卷轴装，下启册页装，是中华书籍装帧的特色形式之一。

### 3. 蝴蝶装

蝴蝶装是依次把所有书页依照中缝，将印有文字的一面朝里对折起来，再把对折好的书页背背相对，折缝处用黏合剂黏在一起，然后附上书壳，最后裁齐成册的装订形式。蝴蝶装出现于宋元时期，是册页装的最初形式之一。其出现与印刷术的广泛运用密切相关。此时，日益增长的阅读需求同卷轴装的书籍装帧矛盾日益突出，士人对更适宜阅读的册页装帧方式的印本需求日益迫切，蝴蝶装应运而生。以蝴蝶装为代表的册页装帧方式也是现今世界上通行的书籍装帧形式。现在，重要的地图集、精美的画册等，仍有采用蝴蝶装装订方式的。有的书籍由于中缝被遮挡，无法将图片或文字全部显现，而采用蝴蝶装能180° 展开书页，可以使印刷的整个版面都完整呈现出来，这是蝴蝶装最大的优势所在。宋代不少印本都采用蝴蝶装的装帧形式。

### 4. 包背装

包背装是将书页背对背地正折起来，使有文字的一面向外，折痕作为书口，然后将书页的两边粘在书脊上，再用纸捻穿订，最后用整张的书衣绕背包裹的装订形式。折页的方式与蝴蝶装正好相反。包背装相较于蝴蝶装更为牢固，书页不易散开。包背装的装帧形式与当今许多书籍特征相似，只有书页口是相连的。包背装在南宋时就已经存在。元代至清代不少重要典籍都采用包背装的形式。

### 5. 线装

线装是中国传统印本装订的一个重要阶段，标志着册页装帧方式的成熟。线装书盛行于明代万历年以后，有“四眼装”“六眼装”之分。线装最明显的特征是装订的书线露在书外。装订时将书页依中缝折正，使书口对齐，书前后加封面、打眼穿线即成。相较于包背装，其装订更为牢固，是明中期与清代印本装帧的最主要方式。

线装书经过几百年的演变，形成了一套固定的规范制度，可谓古代书籍装帧之集大成者。封面多选用柔韧的毛边纸、皮纸，更为珍贵的书籍还会选用丝绸作为封面。为保护书籍，除制作书函外，一些线装书右侧上下角会做上包角，保护书脊。此外，为保护一些破损较为严重的珍本古籍，书匠会采用“金镶玉”的修复方法进行修补，在书页里衬上一张白纸，使天头、地脚、书脊三边都镶衬出白色的衬纸，再用纸捻将衬纸与书页重新装订，使经过修复后的古籍在保持原始内容的同时又增加了幅面。

### 6. 平装

平装是近现代印本机械装帧的最主要方式，又称“简装”。简装方式比传统线装简便，是机械印刷发展的必然产物。随着时代的进步、印刷技术的发展，平装的装订方式有骑马订、平订、无线胶装、锁线胶装、环装、维乐装等。骑马钉装订即直接在书脊折口穿铁丝将内页和封面折在一起，适合于页数较少的册子。无线胶装又叫胶背装、胶黏装，裁齐书脊后上胶，并采用不锁线的方法进行装订。锁线胶装又称串线订，是用线将各书页穿在一起，然后用胶水将印品的各页固定在书脊上的一种装订方式。环装即将书册折页后打孔，按页码排序后穿环装订成册，封面封底一般加透片或磨砂，内文可随意换页，不影响装订效果。维乐装是采用维乐装订条将带孔的书页穿起来，再将插针热熔后固定的一种装订方式。维乐装订条属于环保可再生材料，韧性好，装订效果平整牢固美观。

7. 精装

精装是相较于平装而言，对书籍保护、设计更为注重。它代表了书籍装帧艺术的发展方向。精装书加工方式多种多样，书芯、书封和套盒加工流程极为讲究，需要对各工序进行严格的质量把关，才能确保产品质量合格。如单纯的内页装订方式可分为蝴蝶精装、铁圈精装、盒子式精装、铜钉精装等。自 2003 年我国举办“中国最美的书”评选活动以来，印本书籍的装帧方式日渐创新，在精装的同时，逐渐流行起复古潮流。传统印本装帧方式赋予现代印本以别样的文化魅力。

### （三）印本中的插图

图文并茂，是中国书籍的一个优良传统。在中国历代刻印的印本中，有不少附有精美的插图，这些丰富的插图内容不仅为书籍增色不少，增添了书籍的趣味性和吸引力，也为研究古代政治、文化、民俗等提供了生动的材料。

印本插图与雕版印刷术相伴而生。唐咸通九年《金刚般若波罗蜜经》扉画《祇树给孤独园说法图》，画像线条遒劲有力，人物细节生动，将各式人物形象和内心进行了深刻的描述。这说明，唐中期雕版印刷技术已经走向了纯熟和精练。此时，印本就已注重用图文结合方式展示文书的魅力。如唐乾符四年（877）历书上附有《推男女九曜星图》《五姓安置门户井灶图》《推十干得病日法图》等版画，内容繁杂。版画内容主要用于解释历书上的文字信息。到了五代时期，印本进一步发展，上图下文的印本格式得以广泛推行。如后晋开运四年（947）刻印的《大圣毗沙门天王像》《大慈大悲救苦观世音菩萨》等，版画构图完整巧妙。有的版画，如《圣观自在菩萨像》在刷印之后还进行了手工上色。

辽宋夏金元时期，雕版印刷技艺的成熟和普及推动了版画的全面发展。此时，中央和地方无不从事雕版印刷工作。两宋以文治国，书籍出版达到历史高潮。宋代印本不仅数量多，而且质量极高。经史子集等著作及一般应用书籍中插图的运用，奠定了以后插图本的基础。与宋朝同时代的辽、金、西夏，也都刻印了版本精致的书籍。20 世纪 70 年代，山西应县木塔、河北天宫寺出土了一批精美的辽代印刷品，这些印刷品丰富了世人对辽代印本的认识。金代的刻书中心在山西平阳（现山西临汾）。20 世纪初，黑水城遗址出土了大量金代、西夏的印本，世人重新认识了当时的印刷工艺水平。西夏文《华严经》扉画推陈出新、繁复细致，是当时佛教版画的代表。《随朝窈窕呈倾国之芳容》《义勇武安王图》更是见证了山西平阳坊刻印刷技艺的高超。

明清是我国古代印刷技术发展的高峰时期。

一是印本水准日益高超，画家也参与到印本的制作中。诸多画家加入绘制版画插图的行列和雕版名手分工合作，充分发挥艺术性和创造性，使版画艺术获得了空前繁荣和提高。如明代程君房的《程氏墨苑》聘请知名画家丁云鹏、雕版名工黄鏻等人创作版画 500 余幅，版画施彩者 50 余幅。用各种颜色分笔涂渍在刻版的各部分，然后一次印出，为明后期套版彩印技术奠定了基础。[①] 为增加书籍猎奇吸引力，还吸收了西洋版画，丰富了中国版画内容和技术。此外，明末胡正言《十竹斋书画谱》、清代王概兄弟绘印的《芥子园画传》都是文人与画家合作出版印本的经典代表。

二是一系列规模宏大的印本层出不穷。尤其是康乾时期，内府组织刊印了不少传世经典。武英殿作为清代官刻的重要机构，采用铜活字印刷《古今图书集成》一万卷。木活字印刷《武英殿

① 郭味蕖 . 中国版画史略［M］. 上海：上海书画出版社，2016：149.

聚珍版丛书》，共排印书籍 134 种。康熙时期殿版版画《耕织图》共刻图版 46 幅，融合西方透视法，别开生面。此外，版画《万寿盛典图》更是卷帙浩繁，《万寿盛典》中的插图，共有 148 页，展开即为一幅宏伟长卷。版画构图缜密，人物形象生动有序，是我国古代版画的杰出代表，直接影响了乾隆时期雕刻的版画巨作《南巡盛典图》《八旬万寿盛典图》。乾隆时期还请法国工匠制作《平定准噶尔回部得胜图》铜版画 16 幅，这也是古代中西版画交流史的一个重要版画艺术品。

三是民间印刷繁荣发展。一方面，版画在越来越多的书籍中作为插图出现。除小说、戏曲等为广大普通百姓所喜爱的类型外，一些教化类、游记、志书等也开始广泛采用版画形式增加书籍阅读的趣味性。另一方面，木版年画繁荣发展。有明以来，在全国各地的主要城市都曾出现过年画作坊，各地结合地方文化特色逐步形成了独具风格的地域年画。

### （四）印本中的字体

在中国悠久的文字发展史中，汉字字体经历千年演变，形成了篆、隶、楷、行、草等多种形式。印刷术的发展进步，又为传统五大书法字体开辟了新的天地，在此基础上形成了形式多样的印刷字体。现代以来，汉字与电脑的结合，为书籍印刷提供了更丰富的字体类型。尤其是当前个性化字体的发展，为汉字字体设计注入了新的生机与活力，印刷字体日趋多元化。印刷字体作为文字的表现形式，它的发展也反映出历史不同阶段人们对文字审美的变化及工匠们刻字工艺技术的进步。字体作为印本书籍的灵魂，推动着我国印刷出版史的发展。它的演变凝聚着不同阶段印刷出版工作者的心血。

自雕版印刷术运用以来，刻工在刻字过程中，不断总结不同书法字体的刻字规律。同时受到雕版木材本身的影响，印刷字体在雕刻过程中不断发生改进和演变，逐步形成了自身的特色。一些工匠在雕刻汉字的过程中，尊重文字的书法艺术，不断推动印刷书写体的发展，产生了独特的写刻本。另一些工匠，为了提高刻字的速度和效率，根据材质的特征，发展了印刷硬体字，而逐步偏离原有的书法艺术。此两者构成了古代印刷字体的两大类。一类写体字重视字体的书法艺术，另一类硬体字注重刻字工整与效率。由此产生了我国第一款印刷硬体字——宋体字。该种字体肇始于宋，形成于明。它的出现也标志着我国印刷字体的独立与进步，从书法字体中开始摆脱出来。

“宋体字”在南宋时就已有雏形。如宋刻本《春秋繁露》《图画见闻志》采用了一种失去笔意、文字板滞的字体，然而运用并不广泛。到了明中叶以来，复古之风兴起，反映在字体上就是反元、明初的赵体字，而宗尚宋朝的欧体、颜体。但是画虎不成，受木材纹理、雕刻技艺以及价格等的影响，雕刻出的字形失真在所难免。明代刻字工匠结合书写特征与刻字的实际需求，发展了笔画更趋横平竖直、横细竖粗的“宋体字”。

世人对“宋体字”的评价呈现出了毁誉参半的现象。贬损者认为这种字体过于匠气，毫无书法意蕴，僵化又十分呆板，对于崇尚书法之人而言不值一提。而褒益者认为“字贵宋体，取其端楷庄严，可垂永久”。宋体字整齐划一、结构严谨、棱角分明，是一种十分适宜阅读的字体。而且此种新字体的笔画“机械”，因此十分易于雕刻，能极大提高刻工刻版的效率。在明清书籍商品化发展的大环境下，宋体字逐渐成了当时印刷出版业的通行字体。近代铅活字印刷术兴起之后，宋体被定为我国印刷的基本字体。宋体字自其诞生到如今广泛应用，在其基础上诞生了多种风格的字体。如 20 世纪初最为知名的聚珍仿宋、日本明朝体、如今的华文中宋、华文仿宋、中易宋体、细明体等等。宋体字的出现是应书籍商品生产的客观需要及刻工文字审美及几百年来刻版经验积累所得。此种“通俗”文字的出现，适应了时代文化发展的需要，是印刷术发展的必然结果。

此外，还有一种写刻本。此类刻本古籍是以名家手稿为写样，再聘请名工匠上稿精心刻印而成。相较于楷书，草书、行书字体雕刻更难，要在木版上彰显原书法韵味颇为不易，因此，写刻本一般都是由经验丰富、技艺高超的刻字匠操刀运作。历代留存的写刻本并不多见，常常一个书叶就是一幅精美的书法作品，甚为难得。写刻本出现于宋朝。在北宋初期，我国雕版印刷开始大规模普及的同时，刊行法帖的风气便开始盛行。如苏轼抄写了《楞伽经》四卷，1088 年福州觉禅院就命工匠刻印此经。写刻本使传统书法借雕版印刷术之功得以保存下来。通过写刻本，我们可见雕版印刷术的工艺之美。它们是中国传统书法艺术与雕刻艺术的精心结合，是雕刻工人和知识分子精心合作的产物。

## 三、印本的版本

版本是印本演变的见证。根据印刷工艺的不同，古代印本大概可以分为刻本、活字本、石印本、影印本。石印本与影印本皆基于原刻本、活字本而来，而古代刻本、活字本在生产、流传过程中因生产主体、地域、工艺、作用、保存状况上的差异，又有几十种不同的称谓。这些不同的版本，是印本辉煌历史的具体呈现，彰显了中华书籍内容的丰富多彩。

关于版本研究的著作颇多。本节内容主要借鉴曹之先生《中国古籍版本学》[1]，姚伯岳先生《中国图书版本学》[2]等相关著述涉及的版本知识，对前人相关研究著述进行简要梳理。

刻本是指利用雕版印刷术刷印而成的图书。版上的图文皆为刻刀刻划而成，故有此名。千余年来，不同历史时期雕版刻法各有千秋，因此形成了鲜明的时代风格与地域特色，也出现了不少以地名进行命名的刻本。如宋代的蜀刻本、浙刻本。当今根据各地印刷书业发展情况，又细分出了眉山本、麻沙本、建阳本等等。古往今来，中华大地优秀刻工层出不穷，为中华刻本文化的异彩纷呈奉献智慧与力量。如明代徽州黄氏刻工雕镌技术高超，是中

---

① 曹之．中国古籍版本学［M］．武汉：武汉大学出版社，2007.

② 姚伯岳．中国图书版本学［M］．北京：北京大学出版社，2004.

国印刷史上的一支强力军，他们以一姓之技倾倒大江南北，对明清刻印技艺产生了深远影响。此外，扬州刻本享誉一方，能工巧匠辈出。尤其是清康熙年间，扬州诗局刊刻了著名的《全唐诗》，质量之高，远胜历朝，康熙皇帝朱批“刻的书甚好”等字迹。当今中国在一些地区仍保留了刻版的传统，为我们了解古代雕版印书提供了重要的信息。2009 年 9 月，由扬州广陵古籍刻印社、南京金陵刻经处、四川德格印经院代表中国申报的雕版印刷技艺，正式入选《世界人类非物质文化遗产代表作名录》。

从时代上划分，刻本又可分为唐、五代、宋、辽、西夏、金、元、明、清刻本。根据刻印主体的不同，又有官刻本、私刻本、坊刻本之分。其中私刻与坊刻均是由个人出资，而官刻本由历代官方机构刻印而成，如宋代公使库（公使库本），明代藩府（藩府本）、国子监（监本）、司礼监经厂（经厂本），清代武英殿（殿本）、官书局（局刻本）等。由于刻印机构的不同，官刻本因此又有了不同的称谓。内府刻本是由内廷刊刻的图书，为官刻本的重要内容。不同时期内府本所指有所差异。明内府本多指司礼监经厂刊刻的经厂本，清代则多为武英殿刻印的殿本。同样，监本是由历朝国子监刻印的图书。监本始于五代，明朝时有南北两监之分，因此有南监本和北监本的特殊称谓。①

根据印刷过程中使用原料、工艺的不同，印本又有红（蓝）印本、套印本等。红（蓝）印本是用红色（或蓝色）水墨印刷的

---

① 陈正宏，杨颖．古籍印本鉴定概况［M］．上海：上海辞书出版社，2005：25–27.

图书。相较于黑色的墨印本，红（蓝）印本数量较少且刻印都较为精细。套印本是套色或套版印成的书本。套印技术是对雕版印刷术的一次突破，把印刷水准和印刷效果提升到新的高度。早期套印可能是在一块雕版上对不同部分进行分色处理，根据需求依次刷印。到了元代以后，发展成两版或多版分色套印。明末时期出现了一些套印本的巅峰之作，如《十竹斋书画谱》《萝轩变古笺谱》。当今荣宝斋采用套色印刷技术复制古画，所用雕版多达几十块，套印次数更在千余次以上。

根据文字的不同，刻本又可以划分为写刻本、大字本、小字本、巾箱本等。写刻本前文已经提及，是按照手书字迹雕版印刷的书本，与宋体字刻本有所区别。大字本、小字本之别，即为刻字大小而形成的版本差异。小字本的代表是巾箱本，又称袖珍本，即可放在袖中或放置巾箱中的书籍。

根据刊刻的先后时间，印本又可分成初刻本、翻刻本、后印本、修补本、递修本等。初刻本是指某本书完稿后第一次刻印的版本。翻刻本又称覆刻本，是根据原刻本重新雕版印刷的版本。仿刻本、影刻本，与此义相近。后印本是指雕版雕刻后，由于经过多次刷印，版面模糊、字迹漫漶且多有修补，由此刷印而成的版本。相较于初刻本，后印本版面文字格式多为一致，但多有模糊、墨色不匀，且少处有修改。由此有了修补本，指对雕版进行多处修补后刷版的版本。递修本是用经过两次或两次以上修补过的旧版刷印而成的版本。如宋版书版经过元明两代修补后重印，称为宋刻元明递修本。

活字本是刻本之外古代印本中的另一重要门类，是指采用活字印刷术刷印而成的版本。印活字材质不同，又可细分为泥活字本、木活字本、铜活字本、铅活字本、锡活字本等。另有聚珍版印本，亦指活字本。1772 年，乾隆皇帝下诏纂修《四库全书》，此后雕印 25 万余枚木活字用于在武英殿排印珍贵书籍。乾隆皇帝用“聚珍”命名活字，前后排印书籍 100 余种，有《武英殿聚珍版丛书》问世，又称“内聚珍”；后各省官书局据以翻刻，其所刻印之书称为“外聚珍”。

在刻本、活字本之后，近代因石印技术、珂罗版技术的运用，又产生了石印本、珂罗版本的称谓。顾名思义，石印本是利用石质平版上机印刷而印成的版本。珂罗版印本是用照相的方法，把图文晒印在涂有感光胶层的玻璃版上制成印版印刷而成的版本。

印本经历千百年的流传，书籍的珍贵程度与保存状况各有不同，由此产生了足本、珍本、孤本、善本、残本、删节本、通行本、稀见本等概念。善本概念最常见，多指代具有比较重要历史、学术和艺术价值的版本古籍，而珍本常指宋元刻本等流传少且研究价值高的古籍。

# 第二章
# 印本文化的物质基础、独特性及社会影响

在多元媒介载体融合发展的时代背景下，虽然印本仍在我们的社会生活中扮演着重要作用，但在数字化趋势下印本及印本文化正面临着巨大的挑战。对习惯于平台化生存的Z世代而言，印本文化似乎已经成为一种故纸堆的过去式。他们正在积极拥抱并沉浸于数字文化之中，几乎只有在媒介考古之时才会回头关注那历久弥新的印本及印本文化。为此我们有必要系统地对印本文化进行推介，从而让更多的Z世代群体注意到在人类文明发展历程中发挥过重要作用的这一文化实践。

本章作者 杨石华 中国传媒大学传播研究院讲师

# 一、印本文化及其相关议题

## （一）印本文化的内涵

印本即印刷文本，不同于“抄本”，它是基于印刷术而产生的一种复述性的工艺文本。在文本生产方面，它实现了“抄本”无法实现的成本控制飞跃，这是技术发展的红利，也是人类智慧的体现。印本文化研究者孙宝林指出，印本的概念之所以较少被提及，主要是因为印刷历史漫长，如今印本无处不在并且来源多样，故而冲淡了我们对印本整体概念的关注和认识。[①] 印本的出现和扩散直接建构了印本文化。与印本文化直接相关的概念是印刷文化。王勇安和张艺瑜指出，“印刷文化”是印刷复制技术与社会文化千年互动的结晶。[②] 美国学者梅尔清指出，它涵盖了更为宽泛的文献资料与研究方法，其研究对象是围绕着印刷品的生产与消费展开（或受其影响）的文化实践，涉及身份、社会角色、阶层差别和阅读的历史等各方面。[③] 印本文化与印刷文化在内涵上大体趋同，但印本文化的主体更为聚焦。它主要是指围绕印刷文本而展开的文化实践，既涉及物质性的文化生产与消费实践，也涉及思想文化的扩散与影响。

① 孙宝林．试论开展印本文化研究的价值与意义［J］．北京：印刷文化（中英文），2020（1）：13.

② 王勇安，张艺瑜．印刷文化与出版文化的历史价值暨当代意义［J］．武汉：出版科学，2022（5）：16.

③［美］梅尔清．印刷的世界：书籍、出版文化和中华帝国晚期的社会［J］．刘宗灵，鞠北平，译．上海：史林，2008（4）：2.

## （二）印本文化的研究内容

基于印本文化的内涵，我们可以进一步明晰印本文化的研究内容。印本文化的研究内容是一个开放的网络体系，可以吸纳各种学术背景的研究者聚焦于印本的文化生产与消费实践及其所带来的思想文化变化和社会影响。例如，孙宝林从印本资源、技术特性、社会影响以及资源激活等维度出发，提出了印本文化的研究内容包括：印本发展史（包括不同时期的发展历程和红色印本发展史、坊刻本发展史、印本艺术设计等专题史）、印本与社会生活、印本技艺（版本鉴定、印本技艺元素特征研究）、印本遗产的保护和利用。[①] 在这一研究内容体系中的对象主体涉及历史维度下的印刷技艺及其最终的印本、嵌入社会生活中的印本能动性、当下的印本资源再激活。整体而言，该研究内容体系主要侧重于具象研究，在抽象意义层面上的文化特性研究方面有所欠缺。另外，彭俊玲关于印刷文化的研究范畴——器物文化、技术文化、制度文化、行业组织文化、信息文化，[②] 对印本文化的研究内容则有着较好的借鉴意义。这一体系内容能够弥补抽象文化研究不足的遗憾。

值得注意的是，在推进印本文化的深入研究时，我们还可以参照出版文化研究的成果基础，从人、物、事三大主体构成进行

---

① 孙宝林．试论开展印本文化研究的价值与意义［J］. 北京：印刷文化（中英文），2020（1）：15-18.

② 彭俊玲．论印刷文化与印刷文化遗产［J］. 北京：北京印刷学院学报，2013（1）：3.

展开分析。首先，立足于文化承载物的印本及其物质性展开深入研究。作为多元化和多版本物质形态载体的印本、印刷术、印刷物料及其技艺都构成了印本文化研究中的基本切入点。在这一维度的研究中，我们需要从器物的媒介考古深化到器物文化的研究。其次，印本文化中所卷入的各种人群的研究，包括印刷工、出版商、读者等。在印本生产和消费的环节中，印本生产的核心主体印刷工群体（区别于出版文化中作为知识精英的出版商）的职业生活史（技艺习得、社交网络等）及其相应运动史（罢工、革命起义斗争等）需得到重点关注。出版商和书商与出版文化研究所有交集，因此可以直接借鉴相应的研究成果和范式。与此同时，我们应认识到文化是一种基于认同的聚合性概念，故而基于印刷术及印本所建构的印刷文化的核心特性以及所带来的思想文化转变需要得到重点关注。为此，印本文化中的阅读接受维度及其读者群体的阅读史不应被忽视。最后，是对印刷文化形成与发展中关键性印刷事件的分析。影响力较大的印本出版事件及其产生的文化转向理应得到系统性的研究，这有助于厘清印刷文化发展中的关键性转折点，从而为当下的印刷文化发展提供更多的现实观照。

### （三）印刷文化的研究路径

技术的更迭提升了印本复制的便利性和制作工艺的质量，但它仍是基于视觉阅读的线性逻辑文化实践。因此，以技术逻辑为基础的研究路径自然成为印刷文化研究的一个关键切入点。此外，印本作为全新媒介嵌入社会运行之后的社会变革、文化转向等都是印本文化研究的重要内容。因此，既有的印本文化研究主要在历史语境中从技术（如《中国古代印刷工程技术史》《中国金属活字印刷技术史》）、社会（如《书籍的社会史：中华帝国晚期的书籍与士人文化》《印刷与政治：〈时报〉与晚清中国的改革文化》）、文化史（如《纸还有未来吗：一部印刷文化史》《传统的未来：印刷文化十二讲》《中国古代物质文化史：书籍》）、文学（如《元代印刷文化与文学研究》《宋代刻书产业与文学》《印刷传媒与宋诗特色兼论图书传播与诗分唐宋》《出版文化与中国文学的现代转型》）、媒介（如《印刷文化的传播轨迹》《近代西欧印刷媒介研究：从古腾堡到启蒙运动》）以及路径进行展开，进而探讨印本对政治、经济、社会、文化乃至大众生活产生的影响。

为更全面地对印本文化做一个概况性介绍，文章综合上述多元研究路径和国内外涉及印本文化的相应研究成果，从印本文化的物质性基础、独特性以及社会影响三个方面展开论述。

## 二、印本文化的物质基础

印本文化是建立在多元化印刷文本形态的生产和消费基础上，集物质性、艺术性以及思想性于一体的复合型文化实践。物质性是其艺术性和思想性的承载基础。因此，作为文字内容载体的纸张和可规模化复制的印刷术以及多元化的印本形态都是其物质性体现。

### （一）纸张及造纸术

纸张无论是在抄本时代，还是印本时代都是信息扩散和传递的重要媒介工具。正如美国学者钱存训指出的，纸张因为价格低廉和质地轻便可以作为各种物件的替代品，并提供竹简等其他媒介不能提供的各种用途。[①] 印本文化形成的基本前提是纸张的规模化生产。考察纸张的诞生对于印本文化的探究并无太大意义，因为纸张的诞生初期主要处于抄本时代。得益于古人在造纸过程中的长期观测和经验总结，汉代时期蔡伦对造纸技术的改良发明和宋代以后大量使用竹作为造纸原料使得中国纸的质地和产量都得以大幅提升，这为印本时代的扩张提供了技术基础。此后纸张及造纸术通过丝绸之路传入中亚，再传入欧洲。德国文化史学者罗塔尔·穆勒在考察造纸术的全球扩散时发现：造纸术经过阿拉伯人的改进再结合欧洲的纺织技术革命，促使欧洲第一批造纸厂于1235年左右在意大利中部出现，极大地提升了纸张这一商品的规模化生产效率；此后经过造纸厂工匠的不断改良，从14世纪中叶开始欧洲纸以商品贸易的方式在伊斯兰世界、非洲北部等地区不断地扩散。[②] 而这也为全世界的印刷时代及印本文化兴起奠定了广

---

① ［美］钱存训．中国纸和印刷文化史［M］．郑如斯，编订．桂林：广西师范大学出版社，2004：82.

② ［德］罗塔尔·穆勒．纸的文化史［M］．何潇伊，宋琼，译．广州：广东人民出版社，2022：28-32.

泛的物质基础。

## （二）规模化复制及印刷术

罗塔尔·穆勒将纸张视为知识这一“动态能量的存储和传播媒介”[①]。我们则可以把印刷术及印刷机视为知识及其载体即书籍制作的动力装置。成本控制和知识扩散是印本文化得以形成的两个基本内生驱动力。印本不仅是一种文化实践产物，同时也是一种经济活动产物。作为经济活动产物，它首先需要考虑的是成本控制的问题。虽然在面向贵族阶层提供相应印本时，制作成本不是主要考虑因素，他们大多选用名贵纸张并使用精良的制造工艺，但这种文化生产很容易停滞不前。因此，民间书商或印刷作坊在利益驱动下通常会想方设法地降低成本并实现技术创新，用以追求规模经济。这直接促使能够提升规模化复制效率的印刷术得以诞生和改良。法国书籍史学者吕西安·费弗尔和亨利 - 让·马丁在考察西方印刷术的发展历程时，认为“用金属浇筑的活字、油墨和印刷机”是手动印刷术的三大关键要素。[②] 印刷机的应用虽然实现了规模化印本的生产，但它的效率和成本控制仍有着较大的改进空间。为此，工业革命时机器印刷机的发明和化学（平板）印刷

① ［德］罗塔尔·穆勒．纸的文化史［M］．何潇伊，宋琼，译．广州：广东人民出版社，2022：前言：微生物思想实验 IV.

② ［法］吕西安·费弗尔，亨利–让·马丁．书籍的历史：从手抄本到印刷书［M］．和灿欣，译．北京：中国友谊出版社，2019：31.

方式的出现对印本文化的繁荣发展而言仍有举足轻重的作用。

### （三）多元化的印本形态

作为印本文化的直接建构物，印本是各种技术物的综合体，是纸张、印墨、版本、刊刻、插图、字体等物质材料和工艺元素的多元化创新性组合。这就决定了它的制作者会出于商业利益或审美追求以及其他目的而生产出多元化的印本形态。广义上的印本包括书籍、报纸、期刊、小册子以及各类业务印刷品等文本。作为业务印刷产物的印本在很大程度上被学者们忽略了，但拥有多元化印本形态的它们却是印本文化时代的基础媒介设施，存在于人们的日常生活之中。狭义上的印本主要是书籍印本，它们同样有着多元化的版本和装订形态。

虽然吕西安·费弗尔和亨利-让·马丁指出西方最初的印本主要是仿照手抄本的形态，在外观上基本一致（页面布局、缩写词、字体都大体一样）。[①] 但随着印刷技术的不断改进和社会文化的不断发展，人们对印本的多元化需求也不断增加，多元化形态的印本得以广泛流通。较为典型的案例是启蒙运动时期的《百科全书》。美国学者罗伯特·达恩顿在研究《百科全书》的出版史时发现：为了适应启蒙运动思想在各社会阶层的传播和获取最大化的经济收益，《百科全书》的出版商先后对该书的生产成本进行了压

① ［法］吕西安·费弗尔，亨利–让·马丁．书籍的历史：从手抄本到印刷书［M］．和灿欣，译．北京：中国友谊出版社，2019：71、89.

缩和盗版，从而出现了不同版本的四开本和八开本。[1]工业革命前后的书籍印本在外观形态上发生了较大的变化，英国书籍史学者基思·休斯敦指出这是因为“工业革命改换了制作书籍的机器，威廉·汉考克的生橡胶装订也简化了书籍的组装方式”[2]。此外，化学成像下的平版印刷也对印本的多元化形态尤其是彩色印刷的艺术审美有重大影响。

需要注意的是，多元化印本形态的出现与地域性有着密切关系。中西方书籍印本外观形态的差异性就是典型例证。另外，明清之际中国印本的地方特色也十分明显。如福建的建阳雕版坊刻印本主要采用竹纸、灰墨进行制作，并且印本中多有配图；而诸如江西浒湾镇、四川岳池、广东马岗等边远地区的印本也都各有特色。

## 三、印本文化的独特性

由印刷术带来的规模化复制及其所建构的印刷时代是一个全新的媒介时代，它与过去偏重于口头文化的手稿时代有着巨大的差异。正如亨利·蔡特在其《从手稿到印刷》中所强调的那样，它

---

① ［美］罗伯特·达恩顿．启蒙运动的生意：《百科全书》出版史（1775—1800）［M］．叶桐，顾杭，译．北京：生活·读书·新知三联书店，2005：89-135.

② ［英］基思·休斯敦．书的大历史：六千年的演化与变迁［M］．伊玉岩，邵慧敏，译．北京：生活·读书·新知三联书店，2020：282.

们之间有着难以逾越的鸿沟，它们之间经过了一个革命性的时代转折。[①] 造成这种巨大鸿沟的原因在于印刷术及其印本本身和在社会流通中所形成的印本文化存在着诸多独特性，其中较为典型的特性是视觉性、工具性、同一性、网络性、交互性。

### （一）视觉性

印本主要通过视觉的感官系统来进行信息接收。基于这一特性，加拿大媒介环境学派代表人物马歇尔·麦克卢汉明确指出："印刷术的发明巩固并扩展了应用性知识全新的视觉侧重，提供了一种统一的、可重复的商品，第一条组装线，以及第一次大规模生产。"[②] 这种视觉侧重的大规模生产和传播不仅仅涉及文字的视觉排版和呈现，还实现了图像的规模化视觉传达。这种视觉传达包括形象的知识论证，也包括艺术的美学再现。

虽然唐代的印本中就已经有了相应的图像，但图的普及主要是在宋代。美国书籍史学者贾晋珠指出"自宋代开始，在中国的印刷品中就能找到称为'图'的部分，包括插图、地图、图解和表格等"[③] 图像的使用使得书籍印本中的知识传播更形象化，也使

---

① 转引自［德］罗塔尔·穆勒．纸的文化史［M］．何潇伊，宋琼，译．广州：广东人民出版社，2022：107.

② ［加］马歇尔·麦克卢汉．谷登堡星汉璀璨：印刷文明的诞生［M］．杨晨光，译．北京：北京理工大学出版社，2014：219.

③ ［美］贾晋珠．谋利而印：11 至 17 世纪福建建阳的商业出版者［M］．邱葵，邹秀英，柳颖，刘倩，译．福州：福建人民出版社，2019：70.

得印本的艺术性价值得以增加。到了中国明清时期的印本大多都是具有插图的，尤其是小说类印本。美国学者何谷理在研究明清插图本小说时发现，这些印本插图先是出于文人的艺术性审美需求，此后则兼顾方便读者理解的实用性，由此给印本的版式带来了诸多改变，如常见的两张相对全页插图所组成的一幅全图，其尺寸正好是书籍翻开的尺寸。[①] 另外，金秀玹在对明清小说插图研究时，同样强调了插图这一视觉文本在明清的普及性应用，并指出“插图不但补充书籍的内容，而且自己做成了‘知识’或‘嗜好’的视觉符号”；此时的“读者通过书籍插图学习‘审美眼’，插图已经是知识和嗜好的视觉目录”[②]。整体而言，印本中图像使用不仅再现了文字的想象可能性，还在通俗的商业化进程中实现了印本艺术审美的基层渗透。

印刷术在推进近代科学传播时，印本中的图像发挥着重要的可视化知识论证功能。以 16 世纪的自然科学书籍为例，图像在书籍中的使用成了专业自然科学作者知识传播的重要媒介工具和知识论证方式。印刷书籍中图像的这种可视化知识论证与图像文档本身的“认知—展示”功能密切相关，即美国学者丽莎·吉特尔曼所指出的“文档是一种认知实践，一种与展示紧密相连的认知，

---

① ［美］何谷理．明清插图本小说阅读［M］．刘诗秋，译．北京：生活·读书·新知三联书店，2019：224.

② 金秀玹．明清小说插图研究：叙事的视觉再现及文人化、商品化［D］．北京：北京大学，2013：120、143.

然后又用这种认知来展示自己”[1]。另外正如约翰·纪洛里（John Guillory）指出的“‘展示’意味着说服”[2]一样，印本书籍（尤其是自然科学书籍）中的图像使用，主要扮演着一种视觉论证的功能。

系统论证印本中图画在自然科学知识形成和确立的视觉论证性作用的研究成果是日本学者楠川幸子的《为自然书籍制图：16世纪人体解剖和医用植物书籍中的图像、文本和论证》。楠川幸子指出在16世纪的自然科学发展中，印刷书籍不仅成了自然科学家（医师）教育和地位的象征，更是他们展现在自然科学知识上的观点的必要途径（一些医师主张他们的著作必须包含图画，虽然这会导致书籍制作的成本高昂）；在其展现知识观点的过程中，在印刷书籍中使用图画成了自然科学可视化论证的一种重要方式，即“学问精深的学者们对于他们的知识将以何种方式在印刷书籍中呈现的想象，影响着他们对图文关系的设计，更为关键的是，它影响着他们建立论证乃至研究方法的方式”[3]。为此，楠川幸子重点分析了莱昂哈特·富克斯的《植物史论》（De Historia Stirpium，1542年）和安德烈·维萨里的《人体的构造》（De Humani Corporis Fabrica，1543年，内附200余幅插图）两部印刷书籍中图画和文

---

① ［美］丽莎·吉特尔曼．纸知识：关于文档的媒介历史［M］．王昀，译．上海：复旦大学出版社，2020：1.

② Guillory，J. The memo and modernity［J］. Chicago：*Critical Inquiry*，2004（1）：120.

③ ［日］楠川幸子．为自然书籍制图：16世纪人体解剖和医用植物书籍中的图像、文本和论证［M］．王彦之，译．杭州：浙江大学出版社，2022：2.

本搭配使用中的“视觉论证”问题。

### （二）工具性

印本文化中的工具性主要是指印本在人类文明活动中所发挥的基础设施性功能，它以日常媒介工具的形态渗透在人们社会生活的方方面面。即印本在政治、经济、文化生活中都扮演着工具性媒介的角色。在印本世界中书、报、刊这些相对系统的知识性媒介工具仅是其重要组成部分之一，且主要在社会文化层面发挥工具性作用。此外，诸如地址簿、账簿、通信表等多元化的“业务印刷文本”同样是印本世界中的构成主体并共同参与建构广义上的印本文化。例如，丽莎·吉特尔曼指出，在 19 世纪“业务印刷既承担官僚机构和国家的知识工作，为国家的知识工作服务，但也承担着其他可能有需求和新兴的公司形式的工作，为其服务”[①]。因此，属于业务印刷类的印本与书报刊这类印本形态同等重要，尤其是在国家行政系统中的文书往来及其各种表格类印本、商业活动中的契约文书和货币印刷、社会休闲中的纸牌或书写册子等都在各司其职，发挥着工具性社会效用。这种工具性不仅被丽莎·吉特尔曼在“纸知识”的讨论中给予关注，它在罗伯特·达恩顿和丹尼尔·罗什关于印刷品参与法国大革命事件的讨论中同样得到体现。达恩顿注意到在 1775—1800 年的法国出版业中除书、

① ［美］丽莎·吉特尔曼 . 纸知识：关于文档的媒介历史［M］. 王昀，译 . 上海：复旦大学出版社，2020：19.

报、刊等主流印刷品之外的历书、信纸、扑克牌、棋牌、纸币等日用印刷品同样在将革命讯息传入日常生活领域中发挥着重要的工具性作用。①

## （三）同一性

伊丽莎白·爱森斯坦之所以强调印刷术及其新式印刷机诞生后在欧洲社会引发的传播革命，是因为由新式印刷机建构的印本文化具备了标准化效应、固化和累积性的保存威力、放大和强化等特性。② 这些印本文化的特征主要是以媒介环境学派的技术变革思想为基础强调了印刷术本身所具备的同一性偏向特征。正如麦克卢汉在谈论印刷文明的时候所强调的印刷文字所具备的强大作用，它“将其易于分裂而又整齐划一的性质加以延伸，进而使不同的地区逐渐实现同质化”③。这种同一性的具体作用机制是：“首先体现在本土文字的视觉化过程中，然后体现在人类之间相互联系的均质化模式的建构上，正是这样的均质化模式，为现代工业、现代市场，以及国家地位的视觉享受的出现提供了

① ［美］罗伯特·达恩顿．导论［M］// 罗伯特·达恩顿，丹尼尔·罗什．印刷中的革命：1775—1800 年的法国出版业．汪珍珠，译．上海：上海教育出版社，2022：3.

② ［美］伊丽莎白·爱森斯坦．作为变革动因的印刷机：早期近代欧洲的传播与文化变革［M］．何道宽，译．北京：北京大学出版社，2010：26–96.

③ ［加］马歇尔·麦克卢汉．理解媒介：论人的延伸（增订评注本）［M］．何道宽，译．南京：译林出版社，2011：201.

可能。”[1]

由专业校对者、印刷工坊中排字工不断纠偏和校对所确定的印刷底本，以及印刷术自身所具备的大规模内容复制能力，共同建构了一种知识传播的标准性。各种印本的跨时空传播和印本种类的不断累积，使得人类文明得到长久保存和持续传承。各种印本扩张所建构的文化认同和印本传输所建构的民族聚合，使得印本文化成了一种社会基础架构，在社会运行中扮演着支撑性作用。究其原因，印刷术及其印本的同一性特质使其受众能够聚合并强化其聚合力。这种正向的同一性功能在“民族共同体”的发生等方面扮演着重要作用。美国学者本尼迪克特·安德森在《想象的共同体：民族主义的起源与散布》一书中强调了印刷术这种基于同一性的固化功能，即印刷资本主义的发展使得印刷语言在“拉丁文之下，口语方言之上创造了统一的交流与传播的领域”“赋予语言一种新的固定性”“创造了和旧的行政方言不同的权力语言”，从而奠定了民族意识的基础。[2]

### （四）网络性

印本的制作和传播及其所建构的文化并非是简单的片段，而

---

① ［加］马歇尔·麦克卢汉．谷登堡星汉璀璨：印刷文明的诞生［M］．杨晨光，译．北京：北京理工大学出版社，2014：341.

② ［美］本尼迪克特·安德森．想象的共同体：民族主义的起源与散布（增订版）［M］．吴叡人，译．上海：上海人民出版社，2016：43-44.

是一种由作者、出版者、印刷者以及书商等行动者交织起来的一个复杂文化网络。这与印本的工具性有着密切关联。因为印本充当了各利益相关者的社会互动媒介，在这个网络中各社会阶层的群体成员们为了各自的利益与诉求而相互纠缠。当《百科全书》《尤利西斯》等印本进入流通环节后，它们终将会得到各利益集团的妥协、平衡及接受，并被赋予“经典”的荣誉。[①] 另外，这种文化网络与约翰·布鲁尔提出的“把 18 世纪的出版世界理解成一个扩展开的迷宫”[②]，有着极大的相似性。在这一网络中与出版网络中存在的协作性和竞争性一样，虽然同样有着各种不和谐，但却有着一定的稳定性。

印本文化的网络性还体现在经由印本贸易而实现的地方知识和文化的国际扩张。印本文化的网络化扩张在理查德·谢尔的《启蒙与书籍：苏格兰启蒙运动中的出版业》和贾晋珠的《谋利而印：11 至 17 世纪福建建阳的商业出版者》以及达恩顿的《法国大革命前夕的图书世界》等著作中都有所体现。在美国学者理查德·谢尔的著作中，研究主题是“苏格兰启蒙运动通过书籍的力量和影响得到的发展和国际扩张”，即“苏格兰启蒙运动的成功也得益于苏格兰书籍在远离英格兰和苏格兰首府的地方的普及”[③]。在中

---

① 杨石华 . 经典图书出版史的书写框架及其核心维度：以《启蒙运动的生意》和《最危险的书》为中心［J］. 北京：中国出版史研究，2021（1）：180-191.

② Brewer, J. *The Pleasures of the Imagination: English Culture in the Eighteenth Century*［M］. New York: *Farrar Straus Giroux*, 1997: 140.

③ ［美］理查德·谢尔 . 启蒙与书籍：苏格兰启蒙运动中的出版业［M］. 启蒙编译所，译 . 北京：商务印书馆，2022：18.

国，包筠雅发现福建四堡的出版商通过流动贩书方式，在建构自身“儒商”形象的同时，还在“至迟到19世纪后期，他们的出版物已渗入地理，社会和文化上都远离重要教育基地和行政中心的民众中间”[①]。另外，贾晋珠也指出，明清时期建阳的雕版坊刻印本因其多层次的印本和定价致使相应的儒家经典节略本、科举用书、家庭日用书早已广泛流通于全国，甚至还远销日本和朝鲜等地。[②]

### （五）交互性

“交互性”通常被视为是数字媒介时代的典型特性，但在印刷文化史研究者眼中它则是印刷时代的核心特征。“组论小组”在《纸还有未来吗》一书中向读者展示了人与印刷品、印刷品与其他媒介、印刷品联结下的人与人之间的交互共同建构了复杂的印刷文化，并通过可视化的方式对18个印刷文化关键词进行了社会网络分析，为读者呈现了印刷文化内部各构成要素间的网络结构关系。[③] 在人与以书籍为代表的印刷品进行交互时，人对印本的交互主要体现在对内容的控制方面。它通常以一种原初式“超文本”

---

① ［美］包筠雅．文化贸易：清代至民国时期四堡的书籍交易［M］．刘永华，等，译．北京：北京大学出版社，2015：375.

② ［美］贾晋珠．谋利而印：11至17世纪福建建阳的商业出版者［M］．邱葵，邹秀英，柳颖，刘倩，译．福州：福建人民出版社，2019：319—320.

③ 杨石华．理解印刷文化史：关键词的形式与交互的方法——兼谈《纸还有未来吗？》的启示［J］．台北：中华传播学刊，2022（42）：311.

的文化实践方式得以呈现，即读者与印刷品之间的交互实践是一种突破印刷术和纸张的固定性。在与印本进行阅读交互时，读者可以在出版商特意留下的“空白”处进行反映自身阅读体验的“标记”，也可以依据自身的审美偏好和品位对书籍进行“装帧”；还可以通过“增厚”的交互实践在既有文本的基础上添加诸多自己感兴趣的新文本或素材。[①] 在印刷品与非印刷品的交互实践中，它充分地批判了传播媒介线性进化的谬论，充分地呈现出口语文化和书面文化、印本与抄本间的融合共存状态。由印刷品（主要是书籍）作为中介所建构的人与人之间的交互性是印本文化中最富有意义的一种文化实践。它涉及的一个核心问题是“人们如何利用印刷品来组织和协调彼此之间的相互作用的”[②]，对于这一问题的解答，学者们将目光投向了书籍阅读的社交属性。英国学者阿比盖尔·威廉姆斯在其专著《以书会友：十八世纪的书籍社交》中专门就 18 世纪欧洲中等阶层和下层士绅家庭中的家庭阅读活动及其书籍社交行为进行了细致分析。威廉姆斯将研究对象聚焦在印本文化中的家庭阅读活动，讨论了“书籍如何通过多种方式将人们联结在一起”，并为我们“展现了大声朗读与相伴而读的阅读方式如何发挥了书籍的社交与教育功能，又如何为渴求的读者与精明的书商所称道，从而挑战了从公共到私人的‘阅读革命’的观

---

① 杨石华，陶盎然 .《纸还有未来吗 ?》：交互性视域下的印刷文化史研究［J］. 沈阳：中国图书评论，2022（1）：89.

② ［多国］组论小组 . 纸还有未来吗？：一部印刷文化史［M］. 傅力，译 . 北京：北京联合出版公司，2021：13.

点”[1]。威廉姆斯所挑战的“从公共到私人的‘阅读革命’的观点”之一，即是“在十八世纪家庭的社会交往情境中，文本被赋予了声音，说明书面文本与口头语言之间仍在来回不停地交互影响”[2]。这也在一定程度上印证了“组论小组”在《纸还有未来吗？》一书中的印刷品与非印刷品交互时存在着适应性、抵抗性和融合性的多元复杂状态的论点。[3]

值得注意的是，印本文化的独特性并非仅有上述几方面，主要是上述特性较为显著，因此简要论述了相应内容。此外，印本作为一种共识性的协商或对抗性的物质产物，在其生产和传播中主要以信息和知识的传递为核心，因此印本文化中的知识的权威性及变革性也都是值得关注的一些特性。

## 四、印本文化的社会影响

庞大体量的印本的生产和消费建构了全新的印本文化，并形塑现实社会运行机制，推进了社会的延伸、加速了社会现代性的发生、实现了社会文化的进步。

---

① ［英］阿比盖尔·威廉姆斯．以书会友：十八世纪的书籍社交［M］．何芊，译．北京：北京大学出版社，2021：5、9.

② ［英］阿比盖尔·威廉姆斯．以书会友：十八世纪的书籍社交［M］．何芊，译．北京：北京大学出版社，2021：366.

③ ［多国］组论小组．纸还有未来吗？：一部印刷文化史［M］．傅力，译．北京：北京联合出版公司，2021：215.

## （一）推进社会的延伸

印本的出现代表着在口语文化之外的书面文化正式崛起。它的社会影响不限于对个体视觉感官的延伸。它以逻各斯中心论的文本思维建构了一种以线性思维逻辑构型的印刷文化[①]，并借助印本这一媒介极大地延伸了人类社会的覆盖范围。麦克卢汉指出："印刷术这种人的延伸产生了民族主义、工业主义、庞大的市场、识字和教育的普及。因为印刷品表现出可重复的、准确的形象，这就激励人们去创造延伸社会能量的崭新的形式。"[②]

美国学者周绍明指出："8世纪早期发明雕版印刷术后，印本逐渐成为中国社会和文化生活中的一个固定成员。"[③] 这意味着印本作为一种公共文化基础设施在唐宋之际已经嵌入到人们的信息传递和文明传承体系之中，并成为覆盖识字人群书面文化的核心建构物。南宋时期，雕版印刷的印本逐渐取代了抄本，因此逐渐产生了诸多社会变化。例如，文学领域的"诗分唐宋"[④]，就是在印刷术及其印本普及后其"功能分离"的影响使得诗歌这一文学形式

---

① 胡潇.论印刷文化的逻辑构型——关于文本思维的语言分析［J］.广州：广东社会科学，2002（5）：39.

② ［加］马歇尔·麦克卢汉.理解媒介：论人的延伸（增订评注本）［M］.何道宽，译.南京：译林出版社，2011：199.

③ ［美］周绍明.书籍的社会史：中华帝国晚期的书籍与士人文化［M］.何朝晖，译.北京：北京大学出版社，2009：39.

④ 参见张高评.印刷传媒与宋诗特色兼论图书传播与诗分唐宋［M］.台北：里仁书局，1997；王宇根.万卷：黄庭坚和北宋晚期诗学中的阅读与写作［M］.北京：生活·读书·新知三联书店，2015.

产生了延伸，并发挥着不同的社会功能。此后，16 世纪欧洲的印刷术得到了广泛普及。为了更好地保障印本的生产，还专门延伸出了一些专门化的职业群体，如校对者。美国学者安东尼·格拉夫敦在考察近代早期欧洲的印本书籍制作时发现，在印刷书的制作时所需的印刷工包括机械印刷工和理论印刷工。其中的理论印刷工便是校对者，他们负责将工场印刷的文本与“样本”进行比对，并尽可能地寻找并纠正拼写和其他方面的错误，以及充当作者与出版商的中间人，因此“校对者似乎代表着一种新的社会类型，是一种因印刷而诞生的现象，是在印刷创造的全新书籍之城中土生土长的稚子”①。

当印本在全世界范围内成为主流的知识媒介时，印本的生产和阅读接受在不同的世代中不断地形塑书面文化中的个体精神世界，还在书籍贸易的流转过程中不断地将书面文化加以扩散，影响着不同地理位置的人群，从而在“知识共同体”建构和调适中使得“文化共同体”或“民族共同体”得以诞生。

### （二）加速现代性的发生

印刷术的起源地是中国，它在西方经过技术改良之后成为社会变革的动因，引发了巨大的传播革命和社会变革，其中现代性的发生就是最为突出的一个方面。承载着各种思想文化和观念主

---

① ［美］安东尼·格拉夫敦．染墨的指尖：近代早期欧洲的书籍制作［M］．陈阳，译．北京：社会科学文献出版社，2022：51.

张的印本在社会需求和技术发展的推动下扩散开来，这使得现代性得以在民众中萌芽和扩散并影响了整个社会的变革。李昕揆基于麦克卢汉的印刷媒介思想指出，印刷术及其印本的大量流通使得西方“印刷人”和“印刷个体主义”得以出现，而这又促使了现代个体主义的形成。[①] 另外，提及西方社会现代性的发生和发展绕不开法国大革命。匈牙利学者费伦茨·费赫尔在谈到法国大革命时指出，其文化遗产对未来现代性文化的影响是双重的，“一方面，大革命为历史哲学黄金时期的兴起提供了可能是最强烈的推动。另一方面，它导致了‘客观的’社会科学的诞生”[②]。另外，爱森斯坦、麦克卢汉、达恩顿等人针对印本及印本文化在西方文明史中的贡献已有较多的论述，在此便不做过多介绍。

印刷术的发展和其产物（知识 / 书籍）一样有着明显的环流特性。印刷术经过西方传教士的传播在近代中国得到了新的调适，并对中国的现代性发生起到了奠基性作用。在这一过程中麦都思、马礼逊、伟烈亚力、姜别利等人和墨海书馆、英华书院、华花圣经书房、美华书馆等机构扮演着重要角色。尤其是姜别利，他以电镀字模方式复制英华书院的全套印刷活字使得美华书馆迅速发展为中国最先进也是最具规模的印刷机构。在他的努力下，基督教传教士推动了数十年的西式活字印刷中文得到巨大发展，“增强

---

① 李昕揆 . 印刷术与西方现代性的形成：麦克卢汉印刷媒介思想研究［M］. 北京：商务印书馆，2018：174-202.

② ［匈牙利］费伦茨·费赫尔 . 法国大革命与现代性的诞生［M］. 罗跃军，等，译 . 哈尔滨：黑龙江大学出版社，2010：11.

了西式活字的技术、效率与经济等条件，终于在和木刻印刷的竞争中超越并取而代之，成为二十世纪中文印刷的主要方法”[1]。晚清，随着国门的被迫打开，在西学东渐的时代背景下西方书籍传入中国并通过中文译本的方式流转后，这些书籍印本充当着“知识仓库”的角色，在朱一新、徐仁铸等士人的阅读和活用转译中激发了近代中国的现代性。[2]

郝建国认为：印刷文化的出现使得新兴的文人阶层得以诞生，新旧思想也得以融合或转换。[3]这一论述放置到范围更为聚焦的印本文化之中同样适用。在这一过程中，中国本土的印刷出版人发挥着中介性的角色，其中王韬、张元济、陆费逵等人较具有代表性。以王韬为例，作为一个时代“新人”，他在墨海书馆的工作经历使其得到知识积累和社会声望。与此同时，王韬的从业经历及其思想观念转变也在反映着近代中国的现代性正在生根发芽。以政治思想为例，其政治思想的潜在设定是“若要把中国政体整体加强，君主必须放弃部分权力”[4]。在近代中国的现代性发展中，报刊的印刷传播发挥了主体性作用。报刊的兴起使得印刷世界中报人的社会地位得以提升，并以文人论政的方式介入到相应的政治生活中，促进了中间阶层的崛起。其中新式报人便属于这种中间

---

① 苏精 . 铸以代刻：十九世纪中文印刷变局［M］. 北京：中华书局，2018：527.

② 潘光哲 . 晚清士人的西学阅读史（1833—1898）［M］. 江苏：凤凰出版社，2019.

③ 郝建国 . 试论印刷文化的本质及其演变［J］. 北京：现代出版，2014（4）：70.

④ ［美］柯文 . 在传统与现代性之间——王韬与晚清改革［M］. 雷颐，罗检秋，译 . 南京：江苏人民出版社，1998：18、43.

阶层之一，他们“相信印刷媒介能够在生产与传播文化价值观上代替老师和饱学之士”，并“在中体西用的理念下明确意识到他们对宪政改革无畏的追求，扩大和丰富着中国的文化表单”[①]。在新式报人和他们的印刷出版物的影响下，近代中国的现代性在各个领域得以不断扩散。例如，作为从《点石斋画报》到《良友》画报期间的重要出版物，《真相画报》对中国的视觉现代性的发生就有着举足轻重的历史地位。陈阳指出《真相画报》借助飞机、摄影术以及自身作为大众媒介的印刷文本，这些“现代物”结合起来共同表征、彰显和推进着中国的现代性：“它以大众传播的文化样式介入政治和艺术之间，以‘视觉现代性’呈现出政治与艺术之间的交叠关系。”[②]

另外，各类专业书籍在各个领域中对相应的现代性的发生有着直接刺激性作用。例如，晚清之际的各类生理卫生和生殖医学书籍印本的大量出版和流转：“不但体现出了一种鲜明的关于身体、种族与国家的想象、建构乃至规训，也表现着一种文化消费的政治化趋势，这种政治化的文化消费旨在教育民众向‘文明’靠拢，摆脱文弱的‘病夫’形象，接受西方的现代性，树立现代民族国家的意识。”[③] 再如，清末民初中国的印刷技术经历了从雕版

① ［加］季家珍 . 印刷与政治：《时报》与晚清中国的改革文化［M］. 王樊一婧，译 . 桂林：广西师范大学出版社，2015：10.

② 陈阳 .“真相”的正 · 反 · 合：民初视觉文化研究［M］. 上海：复旦大学出版社，2017：343、350.

③ 张仲民 . 出版与文化政治：晚清的“卫生”书籍研究［M］. 上海：上海书店出版社，2009：274.

印刷向机器大规模印刷（包括石印、铅印等）的转变，这种转变催生了新的读者和作者群体。与此同时，新的文化、文学的特质也在这个过程中得以形成。[①] 新式文学得以诞生，并嵌入到社会变革之中，建构了全新的文学理念。

### （三）实现社会文化生活的进步

在中国的印本时代，承载特定主题的书籍及其相应印本的出版传播对相应的知识体系和思想文化的扩散和传承起到了重要作用，它们或是在特定领域发挥着维护社会秩序稳定的作用或是推进某一领域的实践活动得以不断更新发展从而作用于人们的社会文化生活的进步。

在引导民众积极行善的善书印刷方面，多元化的善书为底层民众和乡土中国的道德秩序和精神文化提供了良好的引导方向。作为“规劝人们修善止恶的读物”的善书，“构成近世中国庶民教化的素材，与宝卷、官箴、家训、蒙学及女教读物都扮演着劝化的角色”，因此自宋代以来便逐渐兴盛，尤其是在清代，它们“使忠孝节义道德推广到社会中去，也使善恶报应观念更深入人心”[②]。整体而言，正如日本学者酒井忠夫所指出的那样，善书的印刷传

---

① 雷启立．印刷现代性与中国现代文学的发生——以清末民初的出版活动为中心［D］．华东师范大学，2008：1.

② 游子安．劝化金箴——清代善书研究［M］．天津：天津人民出版社，1999：224.

播充分体现了古代中国民众的主体性规范意识，并随着在亚洲各国的流转影响了各国的民众文化。[①] 在多元化的善书印本类型中，包筠雅指出“作为一种承诺要惩恶扬善的书”和“作为终身行善的道德指南和手册”的功过格（如《太微仙君功过格》等）在经过长期的演变和印刷流通后已成为士人和官员们保持政治和社会稳定以及实现教育民众恪守传统主流社会价值观的一种有效方式，尤其是在明清交替之际这种特殊印本更是逐渐发展成为全面的道德和社会引导手册。[②]

在法律书籍的印刷出版方面，律典印本的扩张极大地推动了相应法律知识的传播、维护了相应社会秩序的稳定发展。美国学者张婷在研究清代法律书籍史时发现，清代中国坊间出版商在“造福于世”的出版理念下开始印刷和传播官方法律典籍，并认为这些律典的印刷出版具有“官可寻，士易读，而民不犯”的功能，从而使得有助于“治道”和百姓福祉。[③] 这些法律典籍经由坊刻出版商印刷出版并加以流通后，对区域性国家的法律观念和法律体系及其文化意识的影响是明显且直接的。正如学者张婷所指出的：“从 1550 年代开始，中国商业印刷的繁荣极大地改变了法律信息的传播方式。印刷版法律书籍深刻影响了司法系统的运作、司法

---

① ［日］酒井忠夫．中国善书研究（增补版）上卷［M］．刘岳兵，何英莺，译．南京：江苏人民出版社，2010：中译本序．

② ［美］包筠雅．功过格：明清时期的社会变迁与道德秩序［M］．杜正贞，张林，译．上海：上海人民出版社，2022：265、269、275.

③ ［美］张婷．法律与书商：商业出版与法律知识的传播［M］．张田田，译．北京：社会科学文献出版社，2022：79.

官员及幕友的培训、法律意识的发展和诉讼实践的演变。"[1]

另外，印本的这种思想文化扩散还能够直接引发相应的社会变革乃至革命。书籍印本在西方世界的文明发展进程中发挥着重要作用，尤其是在法国大革命中。为此，达恩顿提出的"书籍传播如何影响公众舆论，公众舆论又如何改变政治行为"[2]就成了一个关键性议题。围绕这一问题，学界还产生了是书籍造就革命还是革命造就书籍的讨论。[3]毫无疑问的是，以书籍为代表的印本的重要性得到了学界的一致肯定。正如达恩顿所说的："没有印刷机，他们能攻陷巴士底狱，但无法推翻旧制度……革命者扳动印刷机的手杆，压下印盘，压在被锁定的印版中的字模上，将新能量绵绵不断地输入政治体。法国复活了，人类为之震惊。"可见，"印刷机是创建一种新型政治文化的主要工具"[4]。而作为印刷机产物的各种印本则成为一种营养液深入到社会生活的毛细血管中，并使其焕发出新的生机和面貌。

---

① ［美］张婷．法律与书商：商业出版与法律知识的传播［M］．张田田，译．北京：社会科学文献出版社，2022：200.

② ［美］罗伯特·达恩顿．法国大革命前的畅销禁书［M］．郑国强，译．上海：华东师范大学出版社，2012：182.

③ 参见达尼埃尔·莫尔内的《法国革命的思想起源（1715—1787）》主张"书籍制造了革命"；而罗杰·夏蒂埃的《法国大革命的文化起源》则主张"正是革命赋予某些著作先驱性和纲领性的意义，将这些著作建构为它的起源"，因此在某种意义上是"革命制造了书籍"。

④ ［美］罗伯特·达恩顿．导论［M］// 罗伯特·达恩顿，丹尼尔·罗什．印刷中的革命：1775—1800 年的法国出版业．汪珍珠，译．上海：上海教育出版社，2022：1-2.

进入印本文化的入口是印本，而组成印本的纸张、印刷机以及其他印制技艺和材料都是解开印本文化的钥匙。因此印本文化的物质性是一个关键性要素，只有在对它有深入了解的基础上，我们才能够对印本文化中的独特性有所认知。经由多元化印本所建构的印本文化有着诸多独特性，视觉性、工具性、同一性、网络性、交互性是其中较为明显的文化特质，它们经由印本的生产、消费、阅读从而作用在人们的日常生活之中。这些特性附着于形态各异的印本中，在其流通过程中对整个人类社会产生了巨大的影响，推进了各种社会媒介延伸，使得人们的生活更加便利，加快了社会现代化的发展并推动社会文化生活快速进步。

# 第三章
# 印本文化与社会阅读行为变迁

## 一、阅读发展与印本文化的产生

### （一）印本的出现：社会阅读需求的扩大与印刷术的产生

印刷术诞生后，印本逐渐取代写本，印本文化得以形成与发展。印刷术的诞生有诸多条件和影响因素。从阅读的角度来说，巨大的社会阅读需求的产生是推动印刷术发明的一个不可或缺的条件。

关于印刷术发明的时间，学者张秀民将学界历来的讨论总结

本章作者
彭俊玲　北京印刷学院研究馆员
彭诗雨　北京印刷学院出版学院硕士研究生

为七种：汉朝说、东晋说、六朝说、隋朝说、唐朝说、五代说、北宋说，并一一进行考证，最后提出：雕版印刷术从 7 世纪贞观年间，逐渐发展起来。[①]雕版印刷术发明于唐初是目前学界普遍比较认同的一种说法。可见唐之前，社会上就已经产生了巨大的阅读需求，手抄的方式已经不能满足文本传播的需要，急需更方便快捷的文本复制技术。这种大量的阅读需求集中于两个主要方面。一是科举制度影响下对儒家经典的需要。从隋朝开始，朝廷实行科举取士，自此寒门子弟也有机会通过科举考试入朝为官，改变自己的命运。这直接导致了社会上读书人群体规模的迅速增长。科举制度以儒家经典为考试内容，规定了考试科目，读书人对于科举考试用书的需求是巨大且集中的。二是对佛教典籍的大量需求。佛教在中国，大体经历了汉魏的初兴时期和南北朝的发展时期，到隋唐达到鼎盛。经过隋文帝、唐太宗、武则天等统治者的提倡，举国上下对佛教的信奉几乎达到了狂热的地步，导致了对佛教典籍的大量需求。[②]

印刷术发明之前，书籍靠手抄得以传播，形成了以抄书为业的佣书人。有学者认为，在印刷术的形成过程中佣书人发挥了重要的推动作用：正是因为科举用书和佛教经典的阅读需求量变得越来越大，抄书人的抄写内容变得集中，开始思考更有效率的复

---

① 张秀民．中国印刷史［M］．上海：上海人民出版社，1989：24.

② 肖东发．佛教传播与雕版印刷术的发明——中国古代出版印刷史专论之一［J］．太原：编辑之友，1990（1）：76.

制方式，从而推动了印刷业的产生。[①] 归根结底，抄写的内容变得集中是由社会阅读需求变得集中而引起的，社会阅读需求促进了印刷术的产生。虽然在隋唐时期，书籍的复制仍以手抄为主，但随着印刷术的发展与进步，印本的优势逐渐凸显，渐渐取代了写本。印本的形制、品种等也随着人们的阅读逐渐调整进步，渐渐积累、形成了丰富多彩的印本文化。

### （二）印本的标准化：儒家经典的标准化注释与主流思想的传播

自从儒家思想成为各朝代的统治思想，以儒家经典为主要考试内容的科举制度确立，历朝历代的统治者总会通过对儒家经典做出符合自身意志的阐释，对社会大众进行思想控制，强化主流思想的传播。几乎每个朝代都有其推行的儒家经典的范本，它规定了读书人阅读的内容和版本，这是古代社会阅读史当中印本生产的一个重要特色。

唐代的统治者对于儒家经典的订正十分重视，进行过几次大规模的整理活动，如唐太宗时期孔颖达等人奉敕编纂的《五经正义》，将《诗》《书》《礼》《易》《春秋》五部儒家经典著作的内容进行了订正统一，结束了自汉末以来儒学的纷争。《五经正义》颁布以后，作为科举考试的定本，考生答卷皆以此为据。到了宋朝，雕版印刷术到达兴盛期，官府的刻书活动在出版发行业中占

---

① 谷舟，杨益民．隋唐时期佣书活动与雕版印刷术发展关系的再探讨［J］．北京：中国出版史研究，2019（2）：101

据更加主要的地位，从校勘开始就由学者层层把关，所刻经史典籍是统治者的思想意志和国家文化政策的集中体现。金把科举教材分为经、史、子三大类，对于所用书及其对应的注本均有所规定，如经书中有《易》，使用王弼、韩康泊注本。[①] 严格限制教科书及使用版本，正是金通过对文本的注释的规定，来影响天下读书人思想意识形态的体现。明朝时，明成祖朱棣命胡广、杨荣等编《五经大全》《四书大全》《性理大全》，摈弃了各家的注疏和解释，独尊程朱学说，并将上述著作指定为国子监和全国各级学校的必读之书。[②] 当时严苛的思想专制文化政策，使士人学子不敢触碰其他书籍，三部大全的阅读贯穿有明一代。清代的官刻图书，书名基本都冠有“钦定”“御纂”“御注”“御选”“御定”等字样，并将这些著作定为官方标准，无人敢对其中的谬误进行批判。[③]

可以看到，在整个古代阅读史中，以官刻为刻书主体，以儒家经史典籍为刻书对象的经典标准化注释一直贯穿其中。国家一方面通过科举考试的需要使读书人自愿选择国家推行的版本进行阅读，另一方面通过严格的文化政策，对阅读禁书进行惩戒，让读书人不敢越界。历朝历代对于儒家经典的整理、注释，一方面促进了儒家思想的传播，对于儒家文化的传承有着重要意义，另一方面也在一定程度上造成了读书人思想的僵化。

---

① 王龙 . 中国阅读通史 辽西夏金元卷［M］. 合肥：安徽教育出版社，2017：169.

② 王龙 . 中国阅读通史 明代卷［M］. 合肥：安徽教育出版社，2017：23.

③ 何官峰 . 中国阅读通史 清代卷（上）［M］. 合肥：安徽教育出版社，2017：26.

### （三）印本的多样化：个性化阅读需求的增长与印本的多样化

随着印刷技术的发展，社会阅读群体的扩大，人们的个性化阅读需求增多。为了促进图书的销售，增强竞争力，与市场最为贴近的书坊主们敏锐地感知社会阅读需求的变化，对于图书的内容与形式做出了许多创新的编排，增加了图书的品种，促进了印本的多样化发展。个性化的阅读需求所促成的印本品种的多样化体现为两个主要的方面：一是科举考试类用书的品种增多，二是通俗读物品种的增多。

在科举制度的影响下，儒家经典阅读以及科举考试参考图书的阅读在整个古代阅读史中占据主要地位。《三字经》《百家姓》《千家诗》等蒙童课本、中举士子优秀范文编成的选集、指导时文写作的各类书籍、根据考试内容所编的科举模拟试题集等科举类参考书在各朝代的出版市场都广泛流通。由于每个朝代科举考试的内容有所不同，也因此涌现出了一批具有朝代特色的考试参考读物。如唐代以诗取士，因此试帖诗选本大量印行。两宋时期出现了纂图互注重言重意本，将经史典籍的正文、注疏、音义乃至释文汇辑在一起刊印，便于读者诵读理解，有利于对各家注疏进行比较，是科举制艺、士子应试书籍中常见的版本类型。[①] 明代因乡会试第三场和殿试都试策，故“策学”大行其道，如《策场便

① 江凌．清代两湖地区坊刻业的特点及其文化贡献［J］．吉首：吉首大学学报（社会科学版），2008，29（6）：96.

览》《策场制度通考》《梁氏策要》《策海集成》。[①]科举类参考书需求量大，销路广泛，书商们对于这一类图书的创新非常具有积极性，促进了各朝代科举参考用书的出版繁荣。

另一方面，通俗读物随着人们休闲娱乐的阅读需求而产生和发展，它的读者对象非常广泛，也促进了其品种的增多。比如在古代阅读史中，因为下层民众识字率低、买不起书，听人说书就是他们的主要阅读方式。说书艺术在隋唐时就已经出现，到了宋代，由于社会稳定、经济发展，人们的生活安定富足，说书的艺术也流行一时。说书人的底本书面化，就造成了话本小说的盛行。从宋至清，话本小说的阅读始终呈现出非常繁荣的景象。明中后期，市民文学兴起，通俗小说传播与阅读变得空前繁荣。白话小说、章回小说盛行，又有简本、注释本等形式出现。而在图书形式方面，为了让书籍更具有吸引力，更加通俗化，出现了插图本。宋元时期，小说、戏曲类书籍当中的插图应用已经较为普遍，明代更是插图本发展的鼎盛期，有"无书不图"之说。有插图的书往往冠以"全像""绘像""绣像""图像""出相""补相"等字样，以资号召。[②]可以看到，白话小说、简本、插图本这一类书籍在内容上都有更易于理解、趣味性更强等特点，使其能够在更广泛的群体中进行传播，促进大众阅读的发展。大众读者群体的增多，

---

① 张雨晗 . 浅谈科举制度对中国古代出版业的影响［J］. 北京：中国出版，2011（16）：65.

② 王龙 . 明代的书籍插图及其对阅读活动的影响［J］. 上海：图书馆杂志，2010，29（10）：90.

又能反过来促进图书市场的繁荣，增加书商进行创新、推出新品种的积极性，形成一种良性循环。

书商们为了有利可图，通过敏锐地感知士子、民众等读者群体的阅读需求，积极在图书的内容和形式上做出创新性的探索，从客观上促进了印本的丰富和多样化。

## 二、阅读发展与印本文化价值的传承与弘扬

### （一）藏书之风保留了丰富的印本文化遗产

随着科举制度对全社会阅读活动的促进，在上至皇室贵族，下至平民百姓的范围里，形成了一种良好的社会阅读习惯，“诗书传家”的传统逐渐形成，藏书之风盛行。从国家、政府、书院、寺院再到私人，形成了一个规模庞大的藏书群体。随着印刷技术的发展，印本变得更为易得，藏书的规模还在不断扩大。藏书之风为我国保留了丰富的印本文化遗产。

从国家藏书来看，各朝代的统治者都非常重视藏书。每当新的朝代建立，统治者首先要做的就是大力搜求图书典籍，建立国家藏书的基础。所以，即使大部分前朝藏书在战乱当中丢失或毁坏，但在新统治者的重视和搜求下，许多印本就这样一代代流传，留下了丰富的印本文化遗产。如隋唐政府整理图书，或劫后重建政府藏书，无不先从民间搜访开始，广求士庶家藏，有偿借录副

本。[1]辽代大同元年（947），太宗耶律德光率军南下灭后晋，从开封掠得大量图书、礼器运往京城。[2]金代太宗灭宋战争中，更是对藏经、苏黄文、《资治通鉴》、图籍文书、镂版等无不尽取，并且指明索取书籍甚多。[3]

伴随着藏书而进行的还有对藏书进行的编辑整理及大型学术总结活动。如《隋书·经籍志》著录四部存书 3235 部 37,199 卷，亡书 1610 部 14,747 卷，存亡合计 4845 部 51,946 卷。[4]宋时的四大书《太平御览》《太平广记》《文苑英华》《册府元龟》，保留了许多至今已散佚的图书信息。明代编成的《永乐大典》收入了七八千种典籍。私人藏书家也常常进行藏书目录的编刊。图书整理活动保留了我国古代丰富的印本信息，一些在历史的长河中早已遗失的图书信息也在其中得以记载，为后世之人了解当时的图书出版情况保留了丰富的资料。

### （二）精英阅读下对印本版本价值的弘扬

我国古代的精英阅读当中，藏书家是一个主要的群体，他们在阅读之外进行着图书收集、校勘、编目等学术活动，对印本的

---

① 黄镇伟．中国阅读通史 隋唐五代两宋卷［M］．合肥：安徽教育出版社，2017：44.

② 王龙．中国阅读通史 辽西夏金元卷［M］．合肥：安徽教育出版社，2017：23.

③ 王龙．中国阅读通史 辽西夏金元卷［M］．合肥：安徽教育出版社，2017：121.

④ 黄槐能．《隋书·经籍志》著录数量旧说指误［J］．南京：江苏图书馆学报，1997（6）：40.

版本价值进行了传承和弘扬。有学者指出，“精英阅读”中的“精英”，并非指高于、优于大众之人，而只是取其专业性较强之意。这一个意义上的小众阅读，是有着明显学习和研究目的的阅读。精英阅读有以下特点：首先，具有明确的目的性。其次，具有显著的专业性。最后，具有较强的学术性。①

精英阅读所具有的专业化、学术化等特征，使这类读者在读书时有所取舍，注重图书版本的研究考察。精英读者群体在阅读和藏书时注重搜求、保护善本，这使诸多善本得以流传至今。并且他们注重搜求多种版本校勘书籍，使得精校精刻的版本刻印得以传播、存世。如明末清初的著名藏书家毛晋在图书的搜集上广求善本，并将搜集到的善本应用于他的编辑出版活动当中：毛晋编校书籍多注重用善本，并且广搜众本，在搜集到众多版本以后，他总是先查清该书的版本源流，弄清楚各版本之间的关系，然后通过仔细比较，判定是非，分清主次，最后决定选何种作为底本，其他的则作为参校。②藏书家们也注重版本目录的编修，如陈振孙《直斋书录解题》能够条析各书版本源流，注意比较同书异本的差别。③精英阅读让古籍善本得以保存和流传，并在我国近现代出版机构兴起以后，得以重新整理出版，焕发出新的生命力。藏

---

① 丁柏铨.“后阅读时代”传媒业现实困境与对策思考［J］. 北京：中国出版，2019（8）：22.

② 马晓琼. 论毛晋的编辑出版活动与思想［J］. 北京：编辑之友，2011（3）：102.

③ 任莉莉. 试论古代私家藏书文化与目录版本校勘学［J］. 北京：图书情报工作，2011，55（1）：138.

书家们这种藏书治学、致力于文化传承的精神也代代相承。我国近现代出版家、藏书家张元济加入商务印书馆编译所后，多方搜购古籍和善本书，建立涵芬楼，在为编译所的图书编辑校勘服务的同时，也为我国保留了大量的民族文化遗产。“二十年代商务印书馆利用这些善本，配以国内其他公私收藏作为母本，再加上从日本拍摄回来国内已经失传图书的照片，陆续影印了《续古逸丛书》《四部丛刊》《百衲本二十四史》等。这些书在保存和流传古籍，方便研究人员利用上发挥的作用是人所共知的。”[①]

古代以藏书家为主的精英阅读群体，出于自己读书、治学的需要，注意书籍版本的考察，并通过重新编刊藏书、编辑版本目录等方式弘扬了印本的版本文化。这种阅读活动，也推动了我国版本学的出现和壮大，让古籍善本的修复与保护、古籍非物质文化遗产的传承与弘扬、古籍的整理出版等方面在新时代受到研究和关注，使古籍印本的价值得到了更好的保护与弘扬。

学术界对印本进行社会史研究的著作尚属少数。《书籍的社会史：中华帝国晚期的书籍与士人文化》中指出：“印本书，一个基于中国纸和印刷术发明的非凡产物，扩展了文字著作的受众和内容，使它们更易于迁移和传递，对受过教育的精英和社会大众更有用。”[②]这一论述阐明了印本的丰富性和传播效度，以及其推进社会精英和社会大众阅读发展的作用。

---

① 汪家熔．涵芬楼和东方图书馆［J］．北京：图书馆学通讯，1981（1）：84.

② ［美］周绍明（Joseph P. McDermott）．书籍的社会史：中华帝国晚期的书籍与士人文化［M］．何朝晖，译．北京：北京大学出版社，2009：4.

## 三、阅读转型与印本文化的变迁

### （一）清末民初的阅读转型与现代阅读体系的形成

在中国阅读史的发展历程中，民国时期是阅读变革的大时代。这个阅读变革酝酿于晚清，成形于民国，是中国古典阅读范式的终结和现代阅读体系的开始。[①] 随着时代的发展、技术的进步、思想文化的变迁，阅读层面产生了许多新的特征，推动了现代阅读体系的形成。印本文化也在新的阅读体系当中体现出了新的特征。

现代阅读体系下，阅读内容更加多元化，印本品种更加丰富。除鸳鸯蝴蝶派小说、武侠小说、哀情小说等一些通俗小说外，出现了西方社会自然科学类读物、翻译小说、革命宣传书刊等新的图书类型。另外，随着科举制度的终结及新式教育的产生，人们的阅读目的发生了改变。在古典阅读体系下，读书是为了参加科考，考取功名；现在人们除了获得知识、拓宽视野，也通过阅读来进行消遣娱乐、丰富日常生活。阅读目的的改变使得阅读需求更加多样，自然也能推动图书品种的创新，促进出版市场的繁荣。古典阅读体系下的传统读物与具有现代性的新书报刊共同充盈着这个阶段的书籍市场，大大丰富了印本的品种。

现代阅读体系下，书籍制度发生了变革，印本的形制具有了现代特征。民国以前的书刊基本上采用传统的线装形式，民国以

---

① 许欢．中国阅读通史 民国卷［M］．合肥：安徽教育出版社，2017：1.

后尤其是新文化运动以后，随着出版技术的改进和新思潮的传播，以竖排平装为特点、采用新式标点和现代装帧的新式书籍制度逐步取代了旧式书籍制度，并逐渐得到普及。[①]在标点符号的使用上，由我国第一本使用新式标点符号的书——严复所编的《英文汉诂》，到1919年《请颁行新式标点符号议案》的提出，再到1920年北洋政府教育部发布《通令采用新式标点符号文》训令，我国的新式标点制度得到确立，并逐渐广泛应用到书籍出版中。在书籍的装订方式上，由竖排线装向横排平装转变。在书籍的装帧上，书籍的封面设计得到重视。中国现代书衣的设计装帧与“五四”新文学的兴起同步，并逐渐形成为一门独立的艺术。[②]鲁迅、陶元庆、陈之佛、丰子恺等一大批书籍装帧艺术家，推动了我国现代书籍装帧艺术的发展。

现代阅读体系下，印本实现批量化生产，引领大众阅读风尚。印刷技术的现代化发展缩短了书籍生产周期，实现了书籍的大规模批量复制，使图书的价格降低，让普通民众也可以买得起图书。同时，城市化迅速发展，市民的增多，让大众读者群体大大扩张。再者，廉价租书铺、公共图书馆、阅报处等公共性阅读场所的兴起、面向社会大众开放，促进了大众阅读的发展。在这个阶段，新兴的出版机构在做好图书出版主业的同时，也积极地参与到社会文化服务当中。如商务印书馆所创办的东方图书馆于1926年向社会开放，它除了藏书数量庞大，能满足读者多样化的阅读需求，

---

① 许欢．中国阅读通史 民国卷［M］．合肥：安徽教育出版社，2017：60.

② 何宝民．书衣二十家［M］．郑州：海燕出版社，2017：1.

还实行开架阅览、阅读指导、读者培训与教育等阅读推广活动，设立儿童图书馆等阅读推广服务。[①]

业界公认的我国第一家具有近代公共图书馆性质的藏书楼，是1902年创办于浙江绍兴的古越藏书楼，创办人徐树兰第一个将私人藏书“公于一郡”变“一人书为万人书”，打破了我国数千年来“藏而不宣”的传统观念。这与20世纪初经济和印书业发达的江南地区社会文化需求以及社会上呼唤兴办新式公共图书馆的风气有关。

书籍的批量化生产、书价的降低、市民阶层的扩大、公共阅读空间的兴起，让大众阅读得以迅速发展。书籍能在较短的时间内实现大规模的流通，掀起社会性的阅读热点，从而出现了印本文化与阅读文化相辅相成、相互促进的新局面。

### （二）数字出版的兴起与印本文化变迁

随着信息技术的发展，互联网的普及，数字技术被应用到图书的出版与阅读当中，推动了阅读由现代阅读方式向后现代阅读方式的转变，呈现出非线性、交互式、浅阅读等特征。后现代阅读的特征反映在印本的发展上，呈现出以下几个特点。

后现代阅读方式要求印本功能的立体化。随着数字阅读成为当下读者阅读的一种主要阅读方式，知识越来越呈现出碎片化以

---

① 李歆．从出版重镇到引领公众阅读文化——民国时期东方图书馆阅读服务探析［J］．广州：图书馆论坛，2018，38（8）：105.

及跨媒介传播的特征，出版社在进行印本生产时注重与数字技术进行结合，满足读者的多元化、非线性、互动化的阅读需求。以纸质的印刷文本为基础，结合现代化信息技术，实现印本功能的立体化，让印本整体也呈现出一种后现代特征。比如现在二维码技术普遍地运用在教科书、专业书、少儿图书等各类型图书当中，读者通过扫描二维码，就可以获得音频、视频等与印本所配套的信息，达到辅助读者阅读、扩展印本功能的目的。VR、AR 等数字技术也被应用到图书出版当中。如接力出版社出版的《艾布克AR 科学馆》，通过在手机等移动阅读终端上下载 APP，将书页置于摄像头内，就能看到书中的内容变成立体的影像，还能通过声音、手势、触屏等形式进行多种互动。

后现代阅读方式下，印本装帧更具收藏吸引力。随着电子书、有声书等数字阅读方式的兴起，纸质书的出版与阅读面临着前所未有的困境。读者的注意力被网络上充斥着的各类信息所吸引，也更难以静下心来选择纸本书进行沉浸式的深阅读。在这样的背景下，有学者提出收藏性将成为纸质书出版策划的重要方向。[①]而相对于方便、易得的数字阅读来说，具有收藏价值也是纸质书的一个重要优势。所以在阅读呈现出越来越多后现代特征的当下，印本在装帧上更加美观，更注重工艺，向具有收藏价值的艺术品方向转变。我国从 2003 年开始进行“中国最美的书”评选活动，其中的杰出作品向读者展现了纸质书所拥有的电子书所无法取代

① 张俊鹏．“互联网 +”时代纸质书的出版策划［J］．上海：编辑学刊，2016（4）：34.

的独特魅力，以及在我国现代印刷装帧工艺下，纸质书的装帧设计所能创造出的艺术价值。在2013年“中国最美的书”颁奖仪式与书籍设计艺术座谈会上，著名书籍设计家、中国版协书籍装帧艺术委员会副主任吕敬人谈道：“‘中国最美的书’评选是在今天电子书籍强劲冲击下的时代展开的。在人们仍在质疑未来传统阅读还会不会存在的时候，其实今天我们已经想到中国书籍设计的未来发展。我们相信它是有它自己的生命力的。”[①] 后现代阅读方式下，印本呈现出了新的功能，体现了独特的魅力，也能逐渐将读者的目光再度吸引到纸质书的阅读上来。

我国的书籍复制方式发展历程中，先是印刷书取代了手抄书，然后电子书的出现对于印刷书的生产与传播又产生了负面的冲击，以至于“纸质书会不会消亡”的争论曾一度活跃在出版界。然而也可以看到，在后现代阅读方式的影响和冲击下，印本积极做出了符合时代的调整，出现了全新的特征，丰富了印本文化的内涵，也赋予了纸本书全新的生命力。印本文化还将与阅读共生发展，构建中华民族的精神世界。

## 四、电子媒介时代国外对印本与阅读的重新审视

国际学术界对印本文化的研究主要是以书籍史及书籍文化研

---

① 十年一觉追“美”梦——“中国最美的书”与书籍设计艺术座谈会辑要［J］. 上海：编辑学刊，2013（5）：34.

究为中心。对印本文化的研究虽然长时间来在我国引起广泛关注，但早在20世纪90年代初，就在国际上一些信息技术发达国家受到重视。当时，信息技术革命的浪潮在世界上一些发达国家和地区纷呈迭起，筹建“信息高速公路”的计划相继问世，电子媒介在传播信息、交流知识中的作用越来越大。许多人预言电子时代不久将取代传统的印刷时代。

就在许多文化评论家哀叹社会不再重视书籍和阅读时，学术界兴起了研究书籍史的热潮。有些学者把书籍和阅读视作一个新研究领域的重点。这一新领域称为书籍史，所研究的就是印刷品生产和发行的来龙去脉，探讨书籍对社会生活和文化的影响。

1991年，美国成立作者、读书与出版史学会，其他国家也相继成立了类似的团体。美国国家人文科学基金会及时予以拨款，赞助美国文物工作者学会编纂一部多卷的美国文化书籍史。

书籍史研究受到重视，在某种程度上与电子媒介产品的兴起与发展有关。电子媒介能力的不断加强，使印刷文化更为引人注目，并给人们提供了一个可供比较的认识印刷文化的基础。另外，它也是与近年来人文科学领域一些重大变化合拍的。如果说在书籍史的第一阶段唱主角的是社会史学家和目录学家，那么在20世纪90年代崛起的一支新军则是从事文学研究的学者。这些人文与社会科学学者认为，原始记录是人类文化的一个主流，应该以原有形式得以保存。人们不可能轻易接受这个事实：一本书的精华和灵魂作为二进制信息存贮在磁带上。从电视屏幕上阅读连续内容显然不尽如人意，所以小说等仍将以传统形式出现。当然也有与此相反的看法。正是当今的人文科学学者对于新时代的文学艺术以何种载体形式存在的见仁见智的探讨，推动了书籍史研究的浪潮。

新的书籍史研究起源于法国，如今，在历史学、文学、传播学和社会学中，都可以找到书籍史学家。图书馆员、书目学家或经营珍本书的商人都可能成为书籍史学家。阅读史是当今书籍史的热门主题之一。它主要研究书籍的社会演变与人们阅读习惯、印刷文本及其所处社会环境、阅读和印刷文化的前景以及电子技术对它的影响。

书籍史家告诫人们，放弃书籍尚为时过早。现在出版的印刷品比以往任何时候都多，人们仍然读书，尽管深度可能不如从前。美国国会图书馆的科尔说："我们将会看到印刷品和电子媒介之间新的关系，它们将会继续共存。"①

书籍史及书籍文化史研究，一直以来都是欧美发达国家印刷文化领域的研究重点。在美国印刷史协会及英国印刷史协会历年举办的印刷史学术研讨会中，书籍史都是一个重要的专题。印本文化（书籍文化）作为传统印刷文化的亚文化形态，随着信息技术及传播媒介的不断进步演化，其文化价值和文化意义不但没有淡化，反而与新媒介传播文化相得益彰，更加凸显其重要性。

---

① 彭俊玲．国外对印刷文字与书籍史的研究新动向［J］．北京：大学图书馆学报，1995（5）：63.

# 第四章
# 古籍牌记探微

牌记是我国印本古籍特有的一种标记，在西方古印本中尚未看到此类形制。[①] 形式上，牌记常使用墨阑环绕四周，所以又称“墨围”，它在界行文字之间分隔出独立的单元，与正文迥然有别，醒人眼目。内容上，牌记常与刊语相近，印有书籍刊刻的时间、地点、书坊堂号、版次等内容，更有牌记会注明如“不许覆板”“千里必究”等版权警示之语。当今图书版权页的要素在其中多有对应，因而牌记可谓中国书籍版权页的雏形。此外，部分牌记有时还会进一步记述该书的刊印缘由、所依底本、刊刻历程、成书特色等，比今日版权页所载信息更为丰富。功能上，牌记宣

孙宝林　全国政协委员，中国版权保护中心党委书记、主任

① 张秀民. 中国印刷史［M］. 上海：上海人民出版社，1989：172.

示了书籍作者与印本刊行者的版权，又在刊印商业兴盛、书堂刻坊林立的历史时期起到了广告宣传的作用。从今天来看，牌记是回溯印本历史的重要依据之一，借助其上的多样信息，我们不仅可以鉴定书籍版本、考订源流，亦可一窥中国古人的版权观念。

印刷有版，版上生权。牌记是印本古籍不容忽视的信息载体，它并非古而有之。印刷技术的发展、印本书籍的盛行推动了牌记的产生与演变，而历代形制各异、内容不一的牌记，又透露出古代中国伴随书籍印刷萌发的领先世界的版权意识。

## 一、印刷有版：印刷视角下的古籍牌记

牌记在古籍中的出现离不开印刷术的盛行。关于牌记的滥觞，目前学界已有观点认为可追溯至汉代。[①] 在印刷术尚未发明及广泛使用之时，手写抄录是书籍复制传播的主要方式。自汉代起，经魏晋南北朝再至隋唐，抄书风气日盛，写本正文之后常有标明抄录时间、地点、抄录者姓名等信息的文字。如中国国家图书馆所藏敦煌经卷中，最早有明确纪年（417）的《律藏初分第三》卷末，就题有“建初十二年十二月廿七日沙门进业于酒泉西域陌北祠写竟，故记之”。此后印刷术发明推广，印本出现，一方面原有的标注方式得到继承，另一方面与抄写相关的内容被与印本刊刻

① 时永乐，王景明．古籍牌记的起源与价值［J］．天津：图书馆工作与研究，2008（1）：86-89.

相关的时间、地点、刊刻者等信息所取代。如唐咸通九年（868）刊刻的《金刚般若波罗蜜经》，卷末落款印有文字“咸通九年四月十五日王玠为□□二亲敬造普施”，虽然没有墨围将文字四周封闭，尚未出现牌记的形式，但后世牌记常含有的刊刻时间、刊刻者、刊印缘由等要素均已具备。这行文字在前文章节中被归入刊语一类，是目前所见年代最早的印本刊语。而如果考虑到刊语与牌记的密切联系，即二者不仅内容相近，而且牌记又是经由刊语演变而来的[①]，那么这些文字也可以视为牌记的萌芽。与之相似的还有出土于成都唐墓的《陀罗尼经咒》印本，其后刊有“成都府成都县龙池坊卞家印卖咒本”文字，在刊刻地点之外，还详细地标记了刊刻商号，像是一则广告，已经包含了后世牌记表明版权及商业宣传的功用。

到了宋代，印刷术进一步推广盛行，“官私刻书最盛，为雕版印刷史上的黄金时代”[②]。印本书籍取代了写本成为主流，刻书“品类齐全，印造精美，为后世不能及”[③]。此时“其外墨阑环之”“元明以后书坊刻书多效之”[④]的牌记特有形态逐步确立，标志着典型意义上的牌记正式出现在印版之上。线条封闭的独立单元在书籍阅览中更为醒目，可以引导读者进一步关注牌记中的文字，

---

① 施勇勤．古书牌记的演变及类型［J］．北京：出版发行研究，2000（12）：146–149.

② 张秀民．中国印刷史［M］．上海：上海人民出版社，1989：57.

③ 张秀民．中国印刷史［M］．上海：上海人民出版社，1989：58.

④ 叶德辉．书林清话［M］．上海：复旦大学出版社，2008：134.

进而更好地发挥牌记明示版权、广告宣传等方面的作用。

牌记凭借独有的形式特征自成一类，和刊语等其他古籍组成部分相区别。而在此类别之下，不同牌记的形式表现则可谓灵活多变：在形态、数量、刊印位置等方面，其特点不仅随朝代更替而发展演变，而且在同一历史时期中也常互有分别。这与印刷行业随着时代发展、印本版次的更迭、印刷行业竞争下对于宣传的侧重以及对于读者的招徕等因素存在一定关系。

牌记的形态，在古籍中种类繁多。从最基本的长方形，到线条稍加变化的椭圆形、亚字形，再到图案复杂的碑牌形、莲龛形、钟鼎形、琴器形、金炉形等，不一而足。事实上，牌记形态多样这一特点在不同的观察维度上均有体现。从历史纵向角度看，牌记的形态呈现由简到繁的变化脉络。在正式确立之初的宋代，牌记以简洁的长方形为主，有时会出现其他几何图案样式，如绍熙二年（1191）余仁仲万卷堂刻《春秋穀梁传》牌记、咸淳年间（1265—1274）廖氏世彩堂刻《昌黎先生集》牌记可归为亚字形，咸淳年间廖氏世彩堂刻《河东先生全集》牌记为椭圆形；而从元代起，形形色色的牌记样式就变得“争奇斗巧，十分可观”[①]。与此同时，在不同的历史横断面上，牌记形态还表现出阶段性特征，除了刚刚提到的宋代牌记特点，像明代牌记，其特色之一就是广泛使用莲龛形作为装饰性牌记的图案载体。[②] 此外，在同一历史阶

① 林申清 . 宋元书刻牌记图录［M］. 北京：北京图书馆出版社，1999：3.

② 张磊 . 明代版刻牌记研究及数据库建设［J］. 铜仁：铜仁学院学报，2017，19（4）：26-33.

段、同一地域、同一刊刻系统的印本古籍中，牌记形态也可以丰富多变。如学者孙琬淑对宋建本版面范式进行了总结，[①] 在当时主流的长方形基础上，不同宋代建阳坊刻本对牌记的样式多加变化：或边栏线条粗细有别、单双不同，或四角线条含艺术化变形处理；更有牌记进一步强调装饰性，如隆兴年间（1163—1164）钱塘王叔边所刻《后汉书》，在上下边栏之内刊印空心圆圈及鱼尾花边等图案元素。最后，在同一部书中，多样形态的牌记也可以一并出现：如金元之际的蒙古定宗四年平阳张宅晦明轩刻《重修政和经史证类备用本草》，除印有一大型碑形牌记之外，另刻长方形、钟形、琴形牌记各一；元延祐四年（1317）圆沙书院《新笺决科古今源流至论》中，同时刻有长方形、钟形、鼎形牌记，其他类似的情形在历代印本古籍中并不罕见。

在牌记丰富形态的背后，我们不难发现印刷业特别是商业化印刷的发展起到了推动和催化作用，这在以逐利为本的坊刻体系中体现得尤为明显。如宋建本牌记样式丰富，各家书坊力求新颖美观，其动因很可能是希望以精心设计的牌记取悦读者，以达到彰显图书精良品质、强化各刻坊品牌特色的效果，在商业竞争中求得先机。又如莲龛形之所以能成为有明一代广泛使用的牌记形态，学者张磊认为，这可能缘于彼时坊刻空前发展，各家为迎合市场需求而主动选择民众基础广泛、寓意美好的莲形图案。坊刻

① 孙琬淑．设计学视阈下宋建本版面范式系统设计研究［A］．见：中国印刷博物馆主编．版上耕耘：第十三届印刷文化学术研讨会论文集［C］．北京：中国书店出版社，2021：184-196.

对于牌记形态的重视，会提高读者的审美预期，这也将影响其他刻书体系。如家刻系统，虽然不以营利为目的，但也会相应地受到各时代风潮的影响，进而通过牌记形态表达刊印者的美学情趣。

牌记的形式表现灵活多变，另一经常被学者提及的方面是牌记数量多少不定。有时古籍中会出现多个牌记，原因不尽相同，我们也可以从印刷的视角进行观察。如明代袁褧嘉趣堂刻本《六家文选》，序后有一牌记，为“此集精加校正，绝无舛误，见在广都县北门裴宅印”；卷三十、卷四十及全书之后，又各有三处牌记，分别印有“皇明嘉靖壬寅四月立夏日，吴郡袁氏两庚草堂善本雕”“此蜀郡广都县裴氏善本，今重雕于汝郡袁氏之嘉趣堂，嘉靖丙午春日”及“刻始于嘉靖甲午岁，成于己酉，计十六载而完”等内容。其中，第一处牌记是宋代广都裴氏底本牌记的翻印，目的应为保留原书面貌；而卷三十、四十及全书后的三处牌记，则告诉读者该书从嘉靖十三年（1534）开始刻板，不同卷数先后于嘉靖二十一年（1542）、二十五年（1546）两处节点雕毕，最终全书完成于嘉靖二十八年（1549）的刊刻过程。因此，以上多个牌记并立，既有刊印版本更替的原因，又是该书经历不同阶段刻印而成的反映。

嘉趣堂《六家文选》所含多个牌记内容各异，而在其他古籍中，又可见多个内容相同的牌记反复出现的情形。如宋代廖氏世彩堂本《河东先生全集》，每卷之后均印有“世彩廖氏刻梓家塾”的椭圆形牌记；元代盱郡刻《论语》《孟子》，每卷后均印有“盱郡重刊廖氏善本”牌记；元代刻本《佛果圆悟禅师碧岩录》，在十卷中的八卷之后都印有“隅中张氏书隐刻梓”牌记。[①] 在以上实例中，牌记的刊刻者或底本信息多次复现，读者必然会加以关注，留有印象，乃至释卷难忘。因而以上印本虽分属不同刻印体系，如宋世彩堂《河东先生全集》为家刻本，元盱郡《论语》《孟子》为官刻本，但此类做法的采用很可能都是出于宣传的考量：或树立自身刊印精良的品牌形象，赢得声誉；或提醒读者所依底本难能可贵，品质不凡。通过多次重复这样简单有效的方式，最大限度发挥牌记的广告宣传功效，以期在激烈的印刷行业竞争中占据一席之地。

回顾牌记产生的历史轨迹，以及形式方面多样繁复的变化，我们都可以发现其在印刷术的发明推广、印刷行业的发展中所起到的重要作用。而从记录抄写时间、地点、抄录者姓名的抄本卷末题写，逐步演化为印版上的牌记，印刷带来的影响不仅仅局限于牌记的形式方面，更与牌记内容方面的嬗变息息相关。宋代《东都事略》牌记刻印“眉山程舍人宅刊行，已申上司，不许覆板”，首次在世界范围内表明禁止侵权的版权观念，后世刊刻亦多有利用牌记宣示版权、提出警告的实例。从以上印于墨阑之间申明、维护版权的内容可见，中国人是世界上最早萌发版权意识并将此明确刊载于出版物之上的。

---

① 阚宁辉．试论坊刻图书的牌记及其广告特色［J］．上海：出版与印刷，1993（2）：92–95.

## 二、版上生权：古籍牌记中的版权意识

印刷术使书籍相对高效的复制和广泛流通成为可能，书籍印刷行业随之迅速兴起。宋代各类书坊纷纷设立于开封、临安、婺州、衢州、建宁、漳州、长沙、成都、眉山等地。[①] 尤其南宋时，“十五路几乎没有一路不刻书，而浙、闽、蜀三地所刻尤多。”[②] 明代，雕版印刷业延续兴盛之势，尤其以坊刻为代表的商业性刊印行业迎来了空前发展。以上历史局面，一方面促进了各类书籍的刊印及传播，推动了文化繁荣；而另一方面，书坊林立、市井百姓“转相模锓以取衣食”的环境，又为盗印翻刻等行为提供了滋生的条件。因此自宋代以来，种种盗版侵权行径屡见于各类记载，未曾禁绝。

如北宋初年，李觏在《皇祐续稿》中自述：“庆历癸未三年秋，录所著文曰《退居类稿》十二卷，后三年复出百余篇，不知阿谁盗去，刻印既甚差谬，且题《外集》，尤不韪。心常恶之，而未能正。”既盗文稿，又因刊印粗陋而谬误颇多，这一盗印侵权事件令李觏难以释怀。又如南宋文人范浚，在《答姚令声书》中记述了一则骇人听闻的故事：建阳书商私自以范浚的名义撰写《和元祐赋》，收入《和赋集》，并将此书刊印售卖。如此冒名行径可谓胆大妄为，但在当时的历史环境下可能也并非孤例，部分书商侵权活动之猖獗可见一斑。

---

① 张秀民 . 中国印刷史［M］. 上海：上海人民出版社，1989：57.

② 张秀民 . 中国印刷史［M］. 上海：上海人民出版社，1989：58.

经元至明，翻刻现象有增无减，已经对正常出版秩序造成扰乱破坏。如明代冯梦龙曾在《智囊》中感慨：“吴中镂书多利，而甚苦翻板。”明末黄士京在所辑《合诸名家点评古文鸿藻》一书中，直接称“翻刻为迩来极恶之举”“其忍不啻于杀人，其恨何殊于发冢”，措辞极为严厉，可见作者对于翻刻的深恶痛绝。又如明天启年间黄道周的《骈枝别集》，自述“凡吾绅士之家，或才堪著述，或力足缮梓，雅能创起，绝不翻袭”，通过“绝不翻袭”的标榜，也可以反推当时翻版盗印的普遍。

尽管印刷术在一定程度上提高了图书刊印复制的效率，但前期“鸠工绣梓”、制作书版仍常常旷日持久，绝非易事。刊印有版，因版生权，面对各类难以杜绝的盗版行为，自宋代起，各刊刻者为维护正当利益，随之自发地萌生了印本版权的保护意识，正如清代学者叶德辉在《书林清话》中所说的“翻板有例禁始于宋人”。这时，在书中阅读醒目、自成一体的牌记就成了较适合的载体，各类维护版权、警示盗印之语多汇集于此。因此，透过古籍牌记的内容，我们可以领略到中国古人最先觉醒、超前于世界的版权观念。

历代牌记中有关版权保护的内容纷繁多样，我们暂将其归纳为六个方面，依次分类例举讨论。有时，一处牌记所含内容并不仅限于一个方面，而是多方面同时涉及，或许刊印者希望以如此多措并举的方式进一步增强版权保护的效果。

## （一）详细标明书堂刻坊具体地址

通常，书籍会在牌记中注明书堂刻坊的名称。在此基础上，若再将书坊名称与具体地址结合，则不仅可以进一步明确刊行者的地位，以防翻印盗刻混淆，而且利于口口相传，形成“品牌”声誉，对于坊刻商号而言，又可引导读者直接前往选购书籍。

这一方面的内容在宋代牌记中就已经出现，如：宋婺州市门巷唐宅刻本《周礼注》，牌记印有“婺州市门巷唐宅刊”；宋乾道年间婺州吴宅桂堂刻《三苏文粹》，牌记印有“婺州义乌青口吴宅桂堂刊行”；宋乾道年间麻沙镇刘仲吉宅刻《类编增广黄先生大全文集》，牌记印有“麻沙镇水南刘仲吉宅”；嘉趣堂翻刻宋广都裴氏《文选》中，可见原本的宋代牌记，其中印有“见在广都县北门裴宅印”的内容。

而在坊刻系统中，店主期盼客至盈门，牌记的地址记录就更为详细，如宋杭州开笺纸马铺钟家刻《文选五臣注》，牌记印有“杭州猫儿桥河东岸开笺纸马铺钟家印行”；宋绍兴年间临安荣六郎刻《抱朴子》，牌记先云其刻坊曾是“东京大相国寺东荣六郎家”，又告诉读者当下的详细地址为“临安府中瓦南街东”；宋睦亲坊陈宅书籍铺刊刻的《唐女郎鱼玄机诗》《朱庆余诗集》《周贺诗集》《常建诗集》《王建诗集》《文粹》《画继》等多部书籍，牌记内容虽略有不同，但都详细地标注其刻坊位于“临安府棚北街睦亲坊南陈宅”；又如宋临安府尹家书籍铺刻《续幽怪录》，牌记印有“临安府太庙前尹家书籍铺刊行”的内容。

宋以后的古籍牌记中也可见这一类内容。如元刻本《药师琉璃光如来本愿功德经》，牌记刊“杭州大街众安桥北沈七郎经铺印行”；元刻本《妙法莲华经》，牌记刊“杭州大街睦亲坊内沈八郎校正重刊印行”；明万历刻《月露音》，牌记有云“杭城丰东桥三官巷口李衙刊发”；清康熙挹奎楼刻本《春秋单合析义》，牌记印有“尊客请认杭城板儿巷叶宗之书馆内宅便是”的内容。

### （二）表明自身已藏版存证——“本衙藏板”

正因印本刊行需要书版，而原刻版又常藏于出资耗时刊刻此书的机构处，所以在牌记中标明自身已藏版存证，也就在某种意义上天然地宣明了对书籍拥有版权。在古籍牌记中，这一类内容常表述为“本衙藏板”。

“本衙藏板”类最早可见于明代后期，[①] 一经出现随即受到众多刊刻者的青睐，频频印于各类明清书籍的牌记之上。其中的“衙”，学者沈津认为既可指家刻的府宅，又可指坊刻的商号，同时也可为真正的官府机构，具体所指需要根据实际情况判定。[②]

官刻本，如明崇祯刻本《乌程县志》，牌记刊有“志板贮库贵在典守”；清康熙史馆刻本《古今通韵》、清雍正徐氏刻本《天下山河两戒考》、清乾隆年间刻本《登封县志》与《海丰县志》等

---

① 沈津．说“本衙藏板”［A］．见：汉语文化暨文献资源研究所主编．昌彼得教授八秩晋五寿庆论文集［C］．台北：台湾学生书局，2005：211-219.

② 同上。

书，牌记均印有“本衙藏板”内容；清康熙刻本《黄石斋先生文集》，牌记则刊“本署藏板”。

相比官刻本，“本衙藏板”类内容在明清家刻、坊刻本牌记中出现之多，可谓不胜枚举。有明一代，常有牌记会直接刊刻“本衙藏板”，如明万历刻本《五边典则》、明万历金陵光启堂刻本《百代医宗》、明崇祯刻本《广金石韵府》、明末云间平露堂刻本《皇明经世文编》、明汲古阁本《二如亭群芳谱》牌记都是如此。牌记有时还会注明书坊主人的姓氏，如明万历常郡书林何敬塘刻本《皇明三元考》，牌记印有“张衙藏板”；明万历刻本《唐诗类苑》，刊有“陈衙藏板”；明万历刻本《嘉靖大政类编》，印有“茅衙藏板”；明天启了一道人王徵所刻《西儒耳目资》，牌记刊有“武林李衙藏板”；明崇祯张氏白雪斋新刊《吴骚合编》，印有“虎林张府藏板”。牌记或者还会道出书斋刻坊的名称，如明万历刻本《月露音》牌记，印有“静常斋藏版”；明汲古阁本《宋名家词第一集》牌记，则有“古虞毛氏汲古阁藏版”。

清代，直接刊印“本衙藏板”的古籍牌记，如清康熙刻本《离骚辩》、清康熙刻本《唐诗贯珠》、清康熙黄氏刻本《杲堂文钞》、清康熙龙江书院刻本《兼济堂集》、清康熙韩氏刻本《有怀堂诗稿》、清雍正重刻本《象山先生全集》、清乾隆沈氏刻本《兰韵堂诗集》、清乾隆熊氏刻本《浦云堂诗集》、清乾隆无恕轩刻本《穆堂初稿》、清嘉庆刻本《四书摭余说》等。

部分牌记会道出藏版于本家，如清雍正李氏刻本《莲龛集》、清乾隆章氏刻本《临川章介菴先生文集》、清乾隆崇仁县训导万璜刻本《草庐吴文正公全集》等书，均刊有“本家藏板”；清康熙朱氏刻本《吴郡乐圃朱先生余藁》，牌记印有“家藏正本，本衙雕版”。同时，标明书坊主人姓氏的做法继续沿袭，如清刻本《四书大全辩》，牌记印有“徐衙藏板”；清乾隆彭氏刻本《豫变纪略》，刊有“彭衙藏板”；清乾隆叶氏二弃草堂刻本《已畦诗集》，印有“叶衙藏板”。此外，部分牌记依旧会刊印书斋名称，如清康熙书林何柱臣刻本《诗经广大全》，刻有“授政堂藏板”；清乾隆硕松堂刻本《楚辞韵解》，刊“硕松堂藏板”；清嘉庆段玉裁刻本《说文解字注》，印有“经韵楼藏板”等。

明清是中国古典小说发展的顶峰时期，“本衙藏板”类内容也常见于当时小说刻本的牌记中。如清刻本《四大奇书第一种》、清翻刻郁郁堂本《新镌李氏藏本忠义水浒全书》、清刻本《皋鹤堂批评第一奇书金瓶梅》、清刻本《新镌全部绣像红楼梦》、清刻本《新刻钟伯敬先生批评封神演义》、清刻本《新镌古本批评绣像三世报隔帘花影》、清刻本《新镌秘本续英烈传》等书，牌记均刊有“本衙藏板（版）”；万历年间刻《李卓吾先生批评忠义水浒传》，牌记印有“容与堂藏板”。

### （三）表明已上报官府存案

此类内容最早在宋代《东都事略》牌记中就已经出现，即其中的“已申上司”。刻印者以预先向官府存案的方式，防备翻版盗印等侵权行为，既可以自证为书籍的原刊者，又可以借助官府强制力，追讨销毁盗刻书版。

不过在《东都事略》之后的历代古籍牌记中，这类表明已向官府申报存案的牌记内容较为少见。到清朝末年，约1900年前后，此方面内容重现于部分书籍的牌记中。如光绪二十三年（1897）上海大同译书局石印本《地球十五大战纪》、光绪二十六年（1900）东亚译书会铅印本《欧罗巴通史》、光绪二十七年（1901）南清河王氏小方壶斋石印本《新撰东西年表》、光绪二十七年教育世界社石印本《光绪会计表》、光绪二十七年绍兴墨润堂石印本《元代合参一遍》、光绪二十八年（1902）瑞安普通学堂刻本《周礼政要》等书，牌记中均有“书经存案”内容；光绪二十八年上海华洋书局铅印本《历代文献论略》，牌记刊有“版经存案”；光绪二十八年史学斋刻本《十九世纪外交史》，牌记刊有“书经申、杭各署存案”，更详细地表明所申报官署的地域范围；光绪二十八年通志学社石印本《两朝评鉴汇录》，牌记印有“禀准存案”；光绪二十九年（1903）上海顺成书局石印本《国朝名臣言行录》，则刊有“禀准立案”的内容。

### （四）添加或向读者提示图形化标志元素

部分古籍会将书堂坊名刊入图案类的牌记中，重组后的图文元素文雅优美，夺人眼目，并在一定程度上形成了近似“品牌商标”的符号标记。

例如金元之际的平阳张宅晦明轩刻《重修政和经史证类备用

本草》，将书坊名称“晦明轩记”刊入钟式图案牌记中，又将“平阳府张宅印”刻入古琴图案牌记中。不仅如此，古琴牌记中的“印”字最后一笔还特意延长约两字的长度，并略向左弯曲，亦可视为一种图形化的艺术处理。

元延祐年间的《新笺决科古今源流至论》，在已有长方形牌记刻“延祐丁巳孟冬圆沙书院刊行”的情况下，使用篆书将“圆沙书院”印入鼎形图案的牌记中，已近乎一处含书院名称的图案标志。与之相似的还有元代庆元年间勤有堂刻《集千家注分类杜工部诗》，于鼎形牌记中刊坊名“勤有堂”；之后的元代天历年间广勤堂刻印同一部书，同样将坊名“广勤堂”刊于鼎形牌记内，并另将“三峰书舍”刻入上方钟形牌记中。

又如元代至元年间魏天佑中和堂刻《资治通鉴》，将刻有“钜鹿奉国”的爵形牌记、“容斋”的圆形牌记、“中和堂”的方形牌记三者齐整排列，并立于同一书叶中，十分醒目，与此同时三处牌记图案刻画简洁优美，已含有类似标志符号的特征。

另外，部分古籍牌记虽然自身未加入图形化元素，但会通过文字提醒读者关注相应标识。如明万历来氏宝印斋刻本《宣和印史》，牌记刊有“恐有赝本，用汉佩双印印蜕，慧眼辨之”；明万历建阳刘双松安正堂刻本《新板全补天下便用文林妙锦万宝全书》，牌记中提及“中刻真万宝全书，名字首用葫芦书为记，海内君子宜留心鉴焉”；明万历源泰堂刻本《新刻皇明经世要略》，牌记有“初刻自本堂，买者须认源泰为记”的内容。

### （五）明文禁止翻刻盗版

尽管已列举的四方面牌记内容，其目的均为维护自身权益，但面对潜在的射利之徒与盗印行径，这类文字仍显温和含蓄，所以部分牌记还会在此基础上增加明令禁止翻版的内容，表示保护版权的决心。如《东都事略》牌记，在“已申上司”之后，印有“不许覆板”的明确禁令；明万历刻本《前唐十二家诗》，于“闽城琅嬛斋板”后又刊“坊间不许重刻”；明万历常郡书林何敬塘刻本《皇明三元考》、万历年间刻本《五边典则》两书牌记，均在标明自藏书版之后，印有“不许翻刻”的禁止之语；清光绪二十八年通志学社石印本《两朝评鉴汇录》牌记，紧随“禀准存案”刊有“严禁翻印”；清道光六年刻本《绣像合锦回文传》，其牌记为“本斋假资重刊，同志幸勿翻刻”，虽然语气委婉，并且未将潜在的盗印者置于对立面，但其中禁止翻刻的态度仍然十分明确。

### （六）警告翻印侵权后果

相比于明确禁止翻刻之语，更多牌记会刊印警告侵权后果的内容，以震慑书籍出版流通后可能出现的盗版行为。如明万历年刻本《大明万历七年岁己卯大统历》，牌记印有“钦天监奏准印大统历日颁行天下，伪造者依律处斩”，对于擅自盗印的警告非常明晰严厉。又如明崇祯本《道元一气》牌记，刊印“倘有无知之徒影射翻刻，誓必闻之当道，借彼公案，了我因缘”的内容，相对具体地警示了自身在面对侵权时将采取的措施。

在此之外，明清牌记中更为广泛使用的警告之语，是“翻刻必究”类内容，尽管其中并未道出具体的究治举措。如明代，万历金陵光启堂刻本《百代医宗》、明万历刻本《唐诗类苑》、明万历张燮刻本《东西洋考》、明天启了一道人王徵刻本《西儒耳目资》、明崇祯尚友堂刻本《初刻拍案惊奇》、明崇祯陆云龙刻本《皇明十六名家小品》、明崇祯刻本《麟旨明微》、明汲古阁本《宋名家词第一集》《二如亭群芳谱》等书，均在牌记中警示“翻刻必究”。

又如清代，清刻本《四书大全辩》、清康熙刻本《离骚辩》、清康熙刻本《唐诗贯珠》、清康熙张氏刻本《重订啸余谱》、清康熙刻本《皋鹤堂批评第一奇书金瓶梅》、清乾隆刻本《唐诗观澜》、清嘉庆刻本《详注馆阁试帖三辛集》、清嘉庆刻本《古文未曾有集》、清道光刻本《镜花缘》、清道光刻本《赋则》、清道光刻本《阳宅正宗》、清光绪刻本《春光灯市录》、清光绪东亚译书会铅印本《欧罗巴通史》、清光绪王氏小方壶斋石印本《新撰东西年表》、清光绪教育世界社石印本《光绪会计表》、清光绪绍兴墨润堂石印本《元代合参一遍》、清光绪瑞安普通学堂刻本《周礼政要》、清光绪上海蜚英书局铅印本《五千年中外交涉史》等书，也均在牌记中刊印“翻刻必究”之语。

有时，“翻刻必究”之间或加入“千里”，似乎更能表明刊刻者无论何处、势必追究翻印侵权行为的决心。如明天启钱塘县郎奎金刻本《埤雅》、明杭州横秋阁刻本《鬼谷子》、明崇祯张氏白雪斋新刊《吴骚合编》、明崇祯经余居刻本《外台秘要方》、明崇祯刻本《广金石韵府》、明崇祯黄氏玉磬斋刻本《礼乐合编》、明末云间平露堂刻本《皇明经世文编》、清康熙书林何柱臣刻本《诗经广大全》、清雍正徐氏刻本《天下山河两戒考》、清雍正刻本《华国编赋选》等书，其牌记均刻有“翻刻千里必究”的警示侵权后果的内容。

以上即为从牌记中归纳出的六类展现古人版权意识的内容。正如上文所述，很多古籍牌记涉及的内容不仅局限于某一个方面。如宋代《东都事略》牌记“眉山程舍人宅刊行，已申上司，不许覆板”，同时含有表明已向官府存案、明文禁止翻刻两方面内容。宋代睦亲坊陈宅书籍铺刊刻的多部书籍，刊印牌记如“临安府棚北大街睦亲坊南陈宅刊印”，除标明书坊所在具体地址外，还一并将各书牌记最后的“印”字末笔加长弯折，做出图形化艺术处理。

又如明万历刻本《月露音》，其中一牌记刊“静常斋藏版，不许翻刻”，既表明自身已藏版存证，又明确禁止翻印盗版；书中另一牌记则刻“杭城丰东桥三官巷口李衙刊发，每部纹银捌钱。如有翻刻，千里究治”，不仅包含坊号具体地址信息，还对翻刻者提出后果警告。

再如清康熙挹奎楼刻本《春秋单合析义》，牌记为“本衙藏板，发兑四方。尊客请认杭城板儿巷叶宗之书馆内宅便是。若无此印，即是翻本，查出千里必究”，在一处牌记内就包含自身藏版、具体地址与翻印警告三方面内容。而至于同时涉及藏版存证、后果警告两方面内容，组成类似“本衙藏板，翻刻必究”等牌记的例子，则更是不可胜数。

# 第五章
# 印本文化遗产的保护与利用

## 一、印本文化遗产的时代意义

源远流长的印刷术演变与书籍发展历程，形成了人类浩瀚灿烂的出版文化。印本作为印刷出版物，其媒介载体属性方面的文化形态包括载体文化（纸张文化、新型载体文化）、装帧文化（简册装、卷轴装、经折装、旋风装、蝴蝶装、包背装、线装、简装、精装、新型载体包装）、技术文化（排版技术、复制技术、新型传播技术）。

出版分为传统出版和数字出版。传统出版是指以传统印刷技术为基础的纸张载体出版。传统出版经历了雕版印刷时代的刻版

---

彭俊玲　北京印刷学院研究馆员

与刷印、现代印刷的“铅与火”“光与电”，进入“0和1”的数字出版时代。数字出版是人类文化的数字化传承，它是建立在计算机技术、通信技术、网络技术、流媒体技术、存储技术、显示技术等高新技术基础上，融合并超越了传统出版内容而发展起来的新兴出版产业。数字出版强调内容的数字化、生产模式和运作流程的数字化、传播载体的数字化和阅读消费、学习形态的数字化。数字出版在我国虽然起步较晚，但是发展很快，如今早已形成了比较成熟的网络图书、网络期刊等新业态。

随着现代数字化、网络化新型印刷出版技术的广泛使用，传统印刷出版文化不再是唯一主流，很大一部分逐渐进入文化遗产序列。文化遗产是具有突出的普遍价值的文化遗存。人类文化的创造之物有三种类型：为现世实用、为后辈承继和为自我延伸。文化遗产则包含个体生命的生死演变，又关涉人类文化的纵向延伸。保护文化遗产的功用之一，便是理解传统、尊重先辈，同时也关系到人类的未来。

我国印刷出版业源远流长，古今印刷出版的文献浩如烟海。这是出版业给中华民族留下的精神思想宝库。中国古代出版业发展的历史过程中，造纸术和印刷术两大发明对世界文明大发展贡献更是极大。国外著名博物馆都非常重视中国的出版文化珍品，将多到数以万计的敦煌手卷，少至片言只语的文献碎片，都视为瑰宝。在中国近现代史上，出版迅速发展，成了国民经济的重要门类，出版传承文明、传播思想的功能被推向高峰。可以说，中国近现代出版是时代政治的感应器，出版充当了思想文化革命的先锋，出版界成为进步思想的直接策源地，这个时代的思想家、革命家无一不和出版发生联系。近现代的出版包括出版成果、出版的组织方式、生产方式、经营模式、社会关系等等，在很大程度上反映了这个时代的历史面貌。当代中国的出版业更是与社会的政治、经济、生活密切相关，出版业经历了从出版事业到出版事业与出版产业并存的形态，出版业经营生产经历着从传统的出版模式到网络化、数字化多媒体出版的转型，甚至有人直呼“纸质书进博物馆”。传统出版正像蝴蝶一样蜕变，从二维书写的呈现，进入全新的多媒体空间。这是出版业继造纸术、活字印刷术之后的第三次“迁居”。我国浩瀚灿烂的出版历史形成了不可忽视的印本文化财富，在人类文明发展历史长河中是一份丰富的文化遗产。

## 二、新中国对古籍的刷印与保护利用①

### （一）雕版印刷术与古籍

雕版印刷术，诞生于隋唐时期，又称梓行、版刻、雕印等，是指将文字、图像反向雕刻于木板上，再于印版上刷墨、铺纸，并给纸张施以一定的压力，使印版上的图文转印于纸张上的特殊

① 彭俊玲，魏蔚．新中国古籍刷印研究［J］．北京：北京印刷学院学报，2022（2），收入本书时修订了部分内容。

工艺。它是具有鲜明民族性的非物质文化遗产，为世界现代印刷术开创了古老的技术源头。雕版印刷术开创了我国乃至人类印刷复制技术的先河，为文化的传播和文明的交流提供了有利条件。2006 年 5 月 20 日，雕版印刷术被批准列入第一批《国家级非物质文化遗产名录》。2009 年 9 月 30 日，雕版印刷术申报成功列入《人类非物质文化遗产代表作名录》。

古代印刷出版的书籍多数是通过雕版印刷（少数由活字印刷）制成的。2006 年文化部颁布的《古籍定级标准》将“古籍”定义为：“古籍是中国古代书籍的简称，主要指书写或印刷于 1912 年以前具有中国古典装帧形式的书籍。”2021 年国家市场监督管理总局、国家标准化管理委员会发布的《信息与文献资源概述（GB/T3792–2021）》，将“古籍”定义为“1911 年以前（含 1911 年）在中国书写或印刷的书籍”。本节对于古籍的概念界定依循国家标准定义。

### （二）研究价值及意义

古籍，是印本文化遗产中相当重要的一部分古代书籍财富。新中国成立以来，以广陵古籍刻印社、金陵刻经处和德格印经院为代表的雕版印刷传承单位和以国家级非物质文化遗产传承人陈义时为代表的雕版印刷大师，均为雕版印刷技艺的保护和传承做出了不可磨灭的贡献。广陵古籍刻印社创建于 1958 年，专攻古籍的出版印制，是国内线装书生产的龙头单位，也是唯一完整保存全套雕版印刷工艺的单位。[①] 金陵刻经处成立于1866年，完整地保存了古老的木版水印和线装函套等传统工艺，将中国雕版印刷技艺与佛教文化紧密结合起来，形成了独树一帜的刻印风格。德格印经院始建于1729年，专攻藏传佛教经典的出版印刷，是目前全世界最大的木刻雕版印刷中心，被誉为“保护最完好的藏文传统雕版印刷馆”[②]。雕版大师陈义时，以保护和传承雕版印刷技艺为己任，打破了“口传心授”“传男不传女”“传内不传外”等传统技艺传承方式，将其毕生所学传授给徒弟。

雕版印刷技艺是中华民族优秀文化的重要组成部分，它不只是中国的，更是世界的。当下，我们在保护和传承传统文化技艺的同时，也要注意将其注入现代文化产业中，使其具有更多的现代化元素，使之更符合现代人的价值观念。由此看来，研究新中国成立以来的雕版印刷状况对于非物质文化遗产的传承是非常有意义的。

党的二十大报告强调：“推进文化自信自强，铸就社会主义文化新辉煌。”浩如烟海的中华古籍，是我们中华文化的基础，是中国人之所以成为中国人的文化基因，也是我们坚定文化自信的历史基石，更是实现中华民族伟大复兴的智慧源泉。中华古籍的整理和出版是一件功在当代、利在千秋、关乎民族精神命脉延续的

---

① 刘贵星．大隐于市——广陵古籍雕版印刻［J］．合肥：美术教育研究，2012（19）：8–9.

② 巴多．德格印经院创建及扩建过程考［J］．成都：西南民族大学学报（人文社会科学版），2020（12）：39–44.

大事。因此，我们应该高度重视中华古籍的现代价值和世界意义，把中华优秀传统文化不断发扬光大。

新中国成立 70 多年以来，刷印古籍的出版发行所占的市场份额非常小，但是对于传统文化的保护和继承却发挥着极其重要的作用。古籍刷印是古籍再生性保护的重要手段，也是解决古籍藏用矛盾的有效方法，更是文化传播的有力支撑。由此看来，研究新中国成立以来刷印古籍的出版状况对于中华民族传统文化传承和弘扬是非常有意义的。

## （三）新中国古籍刷印发展历程及案例分析

新中国成立以来，我国刷印的古籍中极少数是利用新刻书版，其他大多数都是利用晚清和民国时期刊刻且保存较为完好的旧刻书版刷印而成的。换言之，旧版重刷是新中国成立以来刷印古籍的主体。20 世纪 50 年代，旧刻书版开始得到有关专家学者的关注，其整理、收藏和利用的建议也得到相关政府的支持，许多旧刻书版被用来印刷出版书籍，专门从事雕版古籍整理和出版的单位也由此诞生，如扬州广陵古籍刻印社。

### 1. 第一阶段：新中国成立至改革开放前

这一时期，木版刷印本所用的书版大多刊刻时间并不长且保存较为完整。由于先前的书版刷印数量有限，仅有几十套至百套不等，有的书版甚至从未刊行过，书版的磨损情况较轻，故刷印效果精良，可与民国时期的印本相媲美，如《龙溪精舍丛书》《偲园丛书》《友林乙稿》《音韵学丛书》等。这批木版刷印本在文物拍卖会上曾经出现过，其中保存较为完好的书籍，其成交价格甚至超过明清时期的旧刻本。据中华书局统计，这一阶段累计收录古籍 2336 种，其中木版刷印本大约有 58 种，占比不足 2.5%。此外，还有一些没有收录其中的木版书，如扬州广陵古籍刻印社自成立之后刷印了 18 种木版书，四川人民出版社 1957 年之后刷印了 24 种木版书（著录其中的仅有 9 种），杭州古籍书店 1964 年前后重印了 5 种木版书，粗略估计总数应该在百种左右（不包括南京金陵刻经处、四川德格印经院等专业印经单位印制的经书），仅占这一时期古籍整理出版总量的 4% 左右。

### 2. 第二阶段：改革开放初期至 2006 年

这一时期，人们对古籍的需求量日益增长，同时随着扬州广陵古籍刻印社恢复营业，中国书店再度恢复复制出版整理工作，文物出版社也加入了木版刷印的行列之中，旧书版的保护和利用工作受到了空前的重视。20 世纪 70 年代末至 80 年代初，三家单位利用自藏的旧书版刷印出版了一批极为珍贵的木版印本。1982 年之前，这些木版刷印的书籍由大中城市的古籍书店经销，发行目的主要是为专业研究者和图书馆提供原始古籍资料，故普通读者难以看到这些木版印本。1982 年之后，木版刷印图书才开始统一由北京市新华书店交全国各地新华书店发行。尽管出版单位刷印的木版古籍品种较多，但往往每种图书的刷印数量很少。如广陵古籍刻印社自复社至 1982 年初，共刷印木版古籍 43 种，且每种印量仅有数百部。此外，这一时期刷印的古籍中有不少是大部丛书，如扬州广陵古籍刻印社1981年出版《四明丛书》刷印本178种，1986年出版《适园丛书》刷印本76种，河北人民出版社1986年出版《畿辅丛书》刷印本173种等。

3. 第三阶段：2006年至今

这一时期，雕版印刷技艺成为国家级非物质文化遗产，古籍刷印也有了一些新的变化。一方面，一些新的刻本开始出现，如广陵古籍刻印社2011年出版的《唐诗三百首》和2013年出版的《广梅花百咏》等。另一方面，一些民营文化公司也加入到了雕版印书的行列之中。此外，中国书店以《中国书店藏版古籍丛刊》的名义利用古旧书版刊行雕版古籍，目前已经刷印了百余个品种，为学术研究、古籍整理和收藏提供了珍贵的版本。这批古籍以前大都刷印出版过，再次刷印的效果相比于影印本更加清晰，也最接近于古籍原貌，受到不少读者的喜爱，往往是一经出版便售罄。

新中国成立以来，相关出版单位及个人刷印出版古籍的大致情况如下：广陵古籍刻印社木版刷印的古籍有140余种，中国书店木版刷印的古籍有240余种，文物出版社木版刷印的古籍有30余种。此外，还有一些单位利用旧刻书版零星刷印了一些木版书，但是品种较少，每种的数量也不多。如上海古籍书店、四川人民出版社、杭州古籍书店等单位利用旧刻书版刷印的木版书从几种到几十种不等。再如南京十竹斋、华宝斋、线装书局、中国科学院考古研究所编辑室、中央音乐学院民族音乐研究所、扬州市邗江古籍印刷厂、衡阳市博物馆、陕西中医研究所等单位刷印的木版书甚至只有一种到几种而已。也有一些单位鉴于整理、保护和研究书版的需要，利用所藏的古旧书版少量刷印书页样张，仅供内部使用，并未流传，在公开渠道售卖，如天一阁藏书楼、章丘市博物馆等。除了相关单位，也有极少数个人利用收藏的旧刻书版刷印古籍，如卢前、陈垣、沈瘦东、朱鼎煦、潘世兹等。[1]

### 4. 新中国古籍刷印案例分析：以《嘉业堂丛书》为例

《嘉业堂丛书》，共计收书 57 种，另加附录 5 种，凡 62 种，是民国时期藏书家刘承幹聘请著名学者缪荃孙等人校勘编纂的一部大型综合性丛书。刘氏刻书自 1913 年起至 1918 年止陆续刻成 100 余种，择取其中 50 种，附以所得《金石录》等数种版片，编印成书，以藏书楼命名之，因此称之《嘉业堂丛书》。由于该书所择底本均系嘉业堂藏书精品，且刻印、校勘质量俱佳，因此具有较高的文献价值。1951 年，刘承幹致函浙江图书馆，表示愿将嘉业堂藏书楼和四周空地并藏书书版连同各项设备等悉以捐献，以满足发展新中国文化事业之需要。其后，浙江图书馆并没有将版片束之高阁，而是多次借予中国书店、广陵古籍刻印社、上海古籍书店、文物出版社等单位进行重印。如上海古籍书店 1963 年刷印出版《嘉业堂丛书》56 种，文物出版社 1982 年刷印出版《嘉业堂丛书》62 种。原版刷印的《嘉业堂丛书》具有较高的学术价值，特别适用于小批量古籍的复制，因此受到了学术界的广泛关注。[2]

---

① 秦嘉杭．新中国雕版印书研究［J］．北京：大学图书馆学报，2015（33）：101–105、110.

② 巴多．德格印经院创建及扩建过程考［J］．成都：西南民族大学学报（人文社会科学版），2020（12）：39–44.

北京印刷学院图书馆藏有文物出版社刷印的《嘉业堂丛书》，版面精美，装帧精致，完美呈现了古籍原本风貌，为印刷出版专业师生观摩利用该套丛书提供了良好的文献便利。

## （四）新中国古籍刷印存在问题及发展对策

近年来，虽然以扬州广陵古籍刻印社为代表的单位还在坚持着雕版印刷古籍，但是从整体上看，雕版印刷技艺仍然面临着失传的危险。

### 1. 存在的主要问题

（1）书版保护意识淡漠

新中国成立初期，明清时期和民国时期的雕版线装书留存尚多，可谓是汗牛充栋。可以继续使用的书版，刊刻的时间大都不长，刻印的书籍都尚未受到人们重视，又何谈书版呢？更早一些的书版早已弃之不用，就更没有人注意了。况且书版的保护难度大，又占地甚多，因此书版的保护工作并未引起人们的重视。正值百废待兴，国家对私人藏书家捐赠的珍本秘籍极为重视，但对他们捐赠的书版重视不足。在这段时间里，大量珍贵的古旧书版被当作柴火烧掉，甚为可惜。

（2）重复出版现象严重

新中国成立以来，古籍出版事业实现了快速发展，尤其是改革开放之后，专业古籍社和部分非专业出版社积极投身于古籍出版领域，兴起了一股古籍热。与此同时，重复出版现象也达到了令人咋舌的地步。进入21世纪后，这种粗放型的出版方式，显现出效益低下的局面，严重制约了中国特色社会主义出版事业的发展和精品出版战略的实施。

（3）雕版印刷师匮乏

在现代印刷工艺的冲击下，古老的雕版印刷术正面临着极大的挑战和考验。同时，雕版刻印匠师的培养难度较大，口传心授的单一带徒行规也大大增加了雕版印刷术的传承难度。老一辈的非遗传承人感叹："（学艺）要沉得下心，吃得住苦，耐得住寂寞，还要有一定的悟性，但是许多年轻学艺者耐不住枯燥乏味的生活，早已改行。"因此，雕版印刷面临专业人才匮乏的严峻状况。

### 2. 发展对策建议

（1）重视旧书版的利用

书版为木制文物，极易受到环境的影响，因此，我们要加强书版的保护工作，使其处于适宜的保存环境中。此外，书版的最大价值仍然在于印书，唯有印书流布于世，才是实现了书版的最大价值。所以，笔者以为，进入公藏机构的书版，仅仅保存在库房中，是没有太多实际意义的。有计划地修补、限量刷印，最大限度延缓书版的寿命，才是保护书版的根本目的。通过对比分析新中国成立以来影印古籍和刷印古籍的定价情况，我们可以看出利用旧书版刷印古籍的成本并不比影印古籍高。特别是资料性、专业性较强的书籍，市场需求较少，影印或重新排版的代价较大，利用旧存书版少量刷印即可满足需要，这为雕版印书的发展找到了途径。广陵古籍刻印社修版印书的做法，可谓是生产性保护雕版印刷技艺的唯一途径。此外，扬州中国雕版印刷博物馆的建成，有效解决了扬州大批古旧书版的保存问题。

（2）完善出版管理机制

新中国成立以来，我国发布了一系列关于古籍整理的方针政策，如 1981 年中共中央发布《关于整理我国古籍的指示》，1992 年国务院古籍整理出版规划小组发布《中国古籍整理出版十年规划和“八五”计划》等。但是从管理体制上看，古籍刷印出版缺乏统筹规划，这也是造成古籍重复出版的一个重要原因。因此，我们应制定严格的古籍出版标准，加强古籍图书质量抽查，提高古籍出版单位和个人的从业门槛。同时，利用大数据建立智能选题数据库，减少或避免大量重复选题的出版。此外，古籍编辑要加强工匠精神，在坚持正确出版导向的同时努力打造自身复合型的知识结构，提高自身的政治思想素质和科学文化素质，为做好编辑出版工作打下坚实的知识基础和技术基础。

（3）创新雕版印刷传承模式

大部分中国传统技艺信奉“父子相传”“师徒相授”“传内不传外”的传承模式，这极大影响了继承人的选择范围，也使得许多传统工艺面临着严峻的生存危机。因此，相关部门应该充分运用高校人才资源，促成雕版印刷传承人和高校教育的有机结合，打破传统的师徒传承模式，为行业源源不断地输出专业人才。同时，为传承人收徒授艺、被传承人拜师学艺创造更好的环境，鼓励年轻人走上学习非遗技艺的道路，为非遗的传承和保护注入更多的年轻力量。

古籍是中华民族在数千年发展过程中创造的重要文明成果，也是中华文化源远流长、一脉相承的历史见证，更是人类文明史上的瑰宝，具有历史文物性、学术资料性、艺术鉴赏性等重要价值。作为一种弥足珍贵的传统文化遗产，古籍有着不可替代的地位。作为古籍再生性保护的重要手段，古籍刷印出版在继承和传播传统文化方面发挥了巨大的作用。传统的雕版印刷术之所以能够一直保留至今，并不是刻意保护的结果，而是由市场需求所决定的。尤其是21世纪以来，雕版印书逐渐引起越来越多的藏书爱好者的注意，一些刻印精美、书版保存完整的雕版书甚至多次刷印。这是因为中国雕版印刷技艺所独有的文化底蕴和审美艺术感是现代印刷技术无法比拟的。因此，我们有必要调动一切有利因素推动古籍刷印事业的发展，让古籍活起来，真正走向大众，充分发挥它们的史料研究价值和社会价值。

## 三、红色印本的再生性保护实践

### （一）《红藏》的整理出版

为了抢救早期红色出版物，国家大型出版项目《红藏》于2011年正式展开编排工作，计划用10年时间完成。该项目计划系统地收集整理并影印中国共产党早期直接和间接领导创办、出版的红色进步报刊书籍，收录年限为1915年至1949年。这是中国共产党成立以来第一次大规模整理早期出版物。《红藏》被列为国家“十二五”重点图书出版规划。在出版界，被称为“藏”的出版物不多见。“藏”是对同类出版物中规格最高、规模最大最全者的称呼。

《红藏》的出版是一场对早期红色出版物的抢救行动。由于过去印刷条件差，有些铅印、油印的印刷品已开始模糊，甚至一部分正在漫漶消失。此前，20 世纪 50 年代和 80 年代对早期红色期刊曾进行过零星整理，而系统地收录整理出版，此前尚无人做过。

从历史的角度看，红色出版既是特定历史时期的产物，又反映了特定历史时期的社会生活。在这些作品所反映的革命理想主义、英雄主义和集体主义精神，是革命历史留给我们的宝贵精神遗产。红色出版是革命文化和革命传统教育的重要载体。对其进行整理出版是保护我国现当代出版业可移动文化遗产的积极举措。

## （二）“大字本”的文物价值及其再生性保护

从出版印刷的时期和文物价值上看，“大字本”是一种具有特殊意义的重要红色出版物。所谓“大字本”，指 20 世纪 70 年代由北京印刷一厂和北京新华印刷厂为毛泽东专门印制的一批特制的大字号线装书。这些“大字本”既有马列经典著作，也有古今中外著名文化典籍，涉及哲学、历史、政治、经济、文学、科技等门类。

从文献版本学的角度来说，“大字本”是版本的一个分类。雕版印刷的本子，又称刻本，从时代早晚来分，有唐五代刻本、宋刻本、金刻本、元刻本、明刻本、清刻本、民国刻本；从刻书地区来分，有四川地区刻蜀本，浙江地区刻浙本，福建地区刻建本（又称闽本）。从字体大小的角度看，有大字本，小字本。而新中国“大字本”则是一种特殊设计的活字印刷版本。

当时有关部门安排印制“大字本”，出于三点考虑：一是晚年的毛泽东由于患了白内障而阅读困难，中央有关部门专门安排定制的“大字本”便于毛泽东等老同志阅读；二是可作为礼品馈赠外宾；三是版本独特，有一定收藏价值。这批“大字本”是特定时期的产物，因仅供内部使用，印数很少，早已绝版。如今在拍卖市场上，“大字本”成为抢手的稀罕物，一套1976年人民出版社出版的《毛泽东选集》大字本，8函38册，玉扣纸，线装，市场成交价近15万元。

“大字本”的印刷出版历史反映了20世纪印刷出版界的一段特殊经历。据一些印刷业的老专家回忆，北京印刷一厂当时是北京市属的最大印刷厂。根据资料记载，“大字本”任务的下达起自1972年，“大字本”的任务直接来自中央。为了印“大字本”，北京新华印刷厂还专门从德国引进最好的设备，到安徽定制特殊的宣纸，这种宣纸既要克重不能超，印刷起来又能有一定的挺度。大字本印刷车间选择的工人也都要经过政审，要签订保密协议，有严格的纪律要求，算是一种政治任务。

“大字本”的开本均为292mm×185mm，每册一般为50页至60页，有两种版式。开始时的“大字本”的正文为一号长仿宋字，每面10行竖排，每行21个字，正文内加注字用二号长仿宋。到

1974 年后半年，毛主席的视力发生了问题，字体需要扩大，最后由主席亲自选定 36 磅的牟体。这一套新字体，既不像黑体，也不像宋体，类似长宋体，字体非常圆润、匀称，看着非常美。每面 7 行竖排，每行 14 个字，字与字之间加 6 磅铅空，标点在行外靠右。正文内的加注用单列一号长仿宋字。

“大字本”的用纸异常考究，幅面 1363mm × 610mm，选用嫩竹做成毛边纸，其中添加香料，6 开使用。北京市单独为印刷器材部门批地 18 亩，建立该纸库专门存放“大字本”的用纸。纸张呈淡黄色，至今打开书，仍有淡淡的书香。每套书都有蓝布面的书函，骨头别子。一般每函装 8 册。

从 1972 年初到 1976 年 9 月，大字线装书共印了 129 种。从保存下来的书目中可以大致了解毛泽东在世的最后几年对中国历史古籍和现代著作有选择地印制大字线装书的情况，能从一个侧面为研究、探索毛泽东晚年所关注的问题和阅读情况，提供一些参考资料。这 129 种大字线装书中以文学艺术类的书最多，占 44%；其次是与批林批孔、评法批儒有关的书籍，占 32%；余下 24% 的书为马列著作、毛泽东著作，哲学、社会科学、自然科学类的书刊，数量均不多。20 世纪 80 年代初，北京印刷一厂使用国产照排机、尼龙感光版排版，印制了“大字本”的《过秦论》，经历了“铅与火”迈向“光与电”的历程。

“大字本”是历经改组重建形成的中国印刷集团公司（2014 年又正式更名为中国文化产业发展集团公司，简称“中国文发集团”）宝贵的文化遗产，是集团在中国印刷工业“铅与火”时代辉煌历史的见证。

2014 年 5 月，改名后的中国文发集团为了开发“大字本”的文化遗产价值，再生性地保护具有特殊意义的印刷出版历史文物，正式启动了毛泽东读“大字本”印制出版复兴工程。

这批“大字本”是特定时期的产物，当年因仅供内部使用，印数很少，且早已绝版。当时只有 7 级以上干部才能享有阅读“大字本”的待遇。如今在拍卖市场上，“大字本”成为抢手的稀罕物，价格不菲。目前国家版本馆保存下来作为档案的“大字本”，已经成为准文物级的名贵珍品，具有很高的收藏价值。今天，这批珍贵的图书时隔三四十年，以其俊美、独特的版本，展现了一代伟人的学识和其对学习的理解。因此，无论从弘扬中华优秀传统文化的角度还是从再现珍稀图书版本的角度，启动毛泽东读“大字本”印制出版复兴工程，都是极有文化价值的一件大事。

# 第六章
# 宫廷印本书：故宫博物院藏书概述

故宫博物院古籍大多汇藏于故宫博物院图书馆。图书馆偏故宫西北寿安宫一隅，为 1925 年 10 月 10 日故宫博物院成立时的两大馆之一。[①] 自成立起，图书馆一直以寿安宫为馆址，是故宫博物院历史最为悠久的部门。故宫博物院图书馆建立伊始即着手开展自己的业务，主要围绕馆藏建设、编目出版等几方面展开。

刘甲良　故宫博物院图书馆研究馆员

① 1925 年 10 月 10 日，故宫博物院成立，下设古物馆和图书馆两馆。1929 年，文献馆从图书馆分立出来，始称为故宫三大馆。

# 一、馆藏建设

## （一）汇集图书，奠基馆藏

1925年图书馆成立之始即以外西路寿安宫为馆址，以清室旧藏为基础进行图书收贮，以南三所为文献部办公之用。兹将图书档案收贮方式略述如下。

### 1. 将散存于其他宫殿的图书汇集到寿安宫庋藏

1925年故宫博物院成立时拟定：除文渊阁存书及摛藻堂之《四库全书荟要》保持原状外，散存他处书籍一律集中于寿安宫（即图书馆之处）。汇集图书合计9369种、265,339册，明细如下。

表1　故宫博物院藏书场所

| 地点 | 种数（种） | 册数（册） |
| --- | --- | --- |
| 昭仁殿 | 1933 | 21,537 |
| 景阳宫 | 3641 | 87,013 |
| 位育斋 | 693 | 16,103 |
| 延辉阁 | 30 | 4452 |
| 毓庆宫 | 651 | 15,790 |
| 懋勤殿 | 582 | 16,214 |
| 上书房 | 146 | 10,055 |
| 缎库 | 74 | 1363 |
| 斋宫 | 47 | 3433 |
| 玄穹宝殿 | 17 | 312 |
| 宁寿宫 | 110 | 6959 |
| 南书房 | 149 | 3614 |
| 景福宫 | 151 | 2894 |
| 弘德殿 | 7 | 5455 |
| 端凝殿 | 9 | 2822 |

（续表）

| 地点 | 种数（种） | 册数（册） |
|---|---|---|
| 颐和轩 | 46 | 3907 |
| 萃赏楼 | 84 | 3893 |
| 景祺阁 | 89 | 990 |
| 寿安宫 | 52 | 16,443 |
| 古董房 | 200 | 3846 |
| 南三所 | 58 | 2799 |
| 南库 | 28 | 368 |
| 钦安殿 | 4 | 108 |
| 阅是楼 | 22 | 752 |
| 乐寿堂 | 23 | 652 |
| 摛藻堂 | 62 | 9760 |
| 寿皇殿 | 157 | 3076 |
| 内务府 | 9 | 656 |
| 钟萃宫 | 64 | 847 |
| 乾清宫 | 108 | 14,353 |
| 养心殿 | 123 | 957 |
| 合计 | 9369[①] | 265,339 |

### 2. 汇集政府机关学校等图书档案

1912年清帝逊位，大部分军机处档案于1914年移交国务院收贮管理。国务院把此档案移贮于集灵囿而东之高阁。1926年故宫博物院致函国务院，提议接收此部分档案，获得国务院批准。在移交档案的同时，国务院也把收贮于集灵囿的杨氏观海堂藏书[②]15,000余册一并拨交故宫博物院。

---

① 种数有重复，具体共多少种数不可考，暂以总和代之，下同。

② 杨氏观海堂藏书是杨守敬出使日本期间搜罗的我国珍稀古籍，因存于杨氏观海堂而得名。杨守敬去世后，其后人出售杨氏藏书，当时政府以35,000元购之，一部分拨交松坡图书馆，一部分存集灵囿。此次拨交即为存集灵囿之杨氏观海堂藏书。

1929年，司法行政部移交旧军机处档案卷宗103箱，旧刑部档案与文献共木箱96只、白板箱7只，计旧刑部档案103箱。[①]

1929年9月，由清史馆、方略馆、资政院提入之书为4067种36,711册。

1946年，东北行营经济委员会移交故宫博物院图书总计92种，1449册。[②]1947年，孔德学校移交宗人府档案满汉文玉牒74册计共834册；[③]接收原古物陈列所古籍12,207余册。[④]

新中国成立后，继续接收其他机构的调拨图书。1949年，北平图书馆交拨故宫博物院日文图书500种531册；历史博物馆将所存《使华访古录》5册赠予故宫博物院。[⑤]

1949年，由东北行营委员会把存于沈阳故宫博物院的13箱珍稀古籍归还给北京故宫博物院。经清查接收为82种，1141册；[⑥]文管会赠故宫博物院原天禄琳琅存《释文经典》5册并将北平图书馆送来《元刻本通鉴总类》第廿二册一本转送故宫博物院。[⑦]

1950年4月，文化部文物局拨交给故宫博物院白云观所藏

---

① 故宫博物院解放前档案卷13–14（1929年）。

② 故宫博物院解放前档案卷81（1946年）。

③ 故宫博物院解放前档案卷88（1947年）。

④ 故宫博物院解放前档案卷93（1947年）。

⑤ 故宫博物院解放后档案卷104（1949年），日文图书已可划为善本行列。

⑥ 故宫博物院解放后档案卷105（1949年）。故宫博物院在接收时，发现重复版本书籍7种，215册，遂送与沈阳故宫博物院。此7种书籍为：《通鉴总类》32册，《尚书》5册，《黄帝内经素问》10册，《四书》11册，《六家文选》32册，《资治通鉴》116册，共计215册。

⑦ 故宫博物院解放后档案卷105（1949年）。

明版道藏残卷2596册；同年，文物局把历史博物馆所存东朝房的清代殿本书版拨交故宫博物院，共计书版107,790块及木架28个；故宫博物院在太庙国立北平图书馆领到日文书籍共计211种，229册。[①]

1953年，故宫博物院接收北京大学北京郊区的档案，计236麻袋又5箱；[②]接收东北图书馆藏明内阁档案575件，清内阁大库档案66,608件；[③]中央人民政府文化部文化事业管理局拨交故宫博物院天禄琳琅旧藏书籍14种计199册。[④]

1955年，北大文科研究所移交故宫博物院清内阁档案813箱。[⑤]

### 3. 接受捐赠

新中国成立前的图书捐赠主要有两次，一次为1946年傅增湘先生赠《顺斋先生闲居丛稿》7册；[⑥]另一次为1948年福梅龄女士捐献其父福开森生前所藏书籍共1237种共10,178册，以及散页等七十六张十二卷二份十三匣十一套。[⑦]

新中国成立后，社会名流贤达关注故宫发展，并把自己所收藏之珍品捐献给故宫。20世纪50年代以来，本院陆续接收社会

---

① 故宫博物院解放后档案卷144（1950年）。

② 故宫博物院解放后档案卷91（1953年）。

③ 故宫博物院解放后档案卷113（1953年）。

④ 故宫博物院解放后档案卷95（1953年）。

⑤ 故宫博物院解放后档案卷132（1955年）。

⑥ 故宫博物院解放前档案卷85（1946年）。

⑦ 故宫博物院解放前档案卷93（1948年）。

各界人士捐赠，个人捐赠有马衡、张允亮、庄尚严、侯宝章、韩槐准、郭有守、倪玉树、励德人、周作民、福开森、王冶秋、李鸿庆、林散之、汪存、王世襄等；单位有故宫博物院办公室、故宫博物院保卫科、西安文管处、中国书店、中国书画社、蕲春县文化局、安徽省六安地区文化编委会等等。个人和单位共计捐赠2482部、15,740册，捐赠的书籍有古籍，也有民国时期出版物。

### 4. 后期收购

历史原因，清廷的宋元珍本虽大部分留存故宫，但也有部分流失。后来，经过多方努力，故宫博物院不惜重金予以收购。

表 2　故宫博物院购买古籍明细

| 名称 | 数量 | 价格（万元）① | 收购时间 |
|---|---|---|---|
| 明文征明书卢鸿草堂十志 | 1 册 | 20 | 1946 年 12 月 |
| 唐经生国诠书善见律卷 | 1 卷 | 1500 | 1947 年 3 月 |
| 雍正乾隆等朱批奏折 | 41 本 | 120 | 1947 年 3 月 |
| 宋版四明志 | 1 册 | 320 | 1947 年 4 月 |
| 宋版群经音辨 | 1 册 | 200 | 1947 年 4 月 |
| 宋版春秋经传集解 | 2 册 | 300 | 1947 年 4 月 |
| 宋版资治通鉴 | 1 部 | 10,030 | 1947 年 6 月 |
| 唐写本王仁煦刊谬补缺切韵 | 1 卷 | 10,000 | 1947 年 8 月 |
| “天禄琳琅”内旧抄本《易小传》所佚（卷六上） | 1 册 | 11 | 1949 年 10 月 |
| 康熙朝小金榜 | 1 件 |  | 1949 年 10 月 |
| 《三苏先生文萃》 | 1 函 5 册 | 400 斤小米 | 1949 年 12 月 |
| “天禄琳琅”旧藏《古文苑》 | 6 册 | 400 | 1950 年 8 月 |

① 清末以来货币比较混乱，1935 年，国民政府拟结束货币的混乱局面进行货币改革，推行统一使用法币。新中国成立前的收购，应该为法币。新中国成立后的采购，使用的则是人民币。

（续表）

<table>
<tr><th>名称</th><th>数量</th><th>价格（万元）</th><th>收购时间</th></tr>
<tr><td>舆图[①]</td><td>2 种 12 卷</td><td>8</td><td>1950 年 8 月</td></tr>
<tr><td>《周易全书》(明)</td><td>2 册</td><td></td><td>1950 年 10 月</td></tr>
<tr><td>《古论大观》(明)</td><td>1 册</td><td></td><td>1950 年 10 月</td></tr>
<tr><td>《昌黎先生补集》(明)</td><td>2 册</td><td></td><td>1950 年 10 月</td></tr>
<tr><td>武英殿版《大清会典》</td><td>1 册</td><td></td><td>1986 年 12 月</td></tr>
<tr><td>《事文类聚》</td><td rowspan="4">4 部 262 册</td><td></td><td rowspan="4">2004 年</td></tr>
<tr><td>《易传十卷》</td><td></td></tr>
<tr><td>《文献通考》三百四十八卷</td><td></td></tr>
<tr><td>《尚书》二卷</td><td></td></tr>
</table>

截至北平解放前，经统计寿安宫已积书 46 万余册，连同文渊阁、摛藻堂、昭仁殿 3 处存书，总数已达 50 余万册。新中国成立后，经接受捐赠及购买等，故宫博物院藏书已达 60 余万册。档案因卷帙浩繁，难以统计出具体数字。

### （二）整理藏书，分库庋藏

图书馆成立之始，即以外西路寿安宫为馆址。寿安宫外院东西庑各五间，以东庑为善本书库，西庑为阅览室。内院南殿为春禧殿，北殿为寿安宫，左右延楼皆改作书库。东延楼上下排列经史二部及志书，西延楼上下排列子集二部及丛书，寿安宫为殿本书库，春禧殿西屋为满文书库，东屋则专藏杨氏观海堂藏书。此外，东西后院之萱寿堂和福宜斋则改作重复书库。寿安宫北之英

① 故宫博物院解放后档案卷 151（1950 年）。

华殿亦归图书馆，以该殿为善本书及佛经陈列室。各书库整理如下。

1. 文渊阁四库全书

民国十九年（1930）十月曾按照四库总目分部逐槅检查，至十一月方始竣事。昔年曾有残缺，后由清内务府以文津阁本抄补者计经部 1 种、子部 7 种、集部 1 种，此外并无缺少，共 3459 种 36,078 册。

2. 四库全书荟要

摛藻堂原藏之《四库全书荟要》于民国十九年秋间着手整理，先按原书与排架图一一查对登录，再行插架。共 473 种 11,151 册。

3. 善本书库[①]

共 939 部 11,857 册。内有宋刊本 50 部 854 册，元刊本 80 部 1438 册，明刊本 464 部 7512 册，宛委别藏 162 部 765 册，旧写本 184 部 1288 册。[②]

4. 殿本书库[③]

共 806 部 25,060 册。又殿版开化纸图书集成一部 5019 册（内缺 1 册），又殿版竹纸图书集成一部 5017 册（内缺 3 册）。

---

① 凡宋元刻本及明嘉靖以前所刻古籍均归入善本。明刻本无宋元本流传者，明仿宋原本，明抄本、精抄本、影抄本、校本亦归入善本。至明人所著之书，无论嘉靖前后所刻，均分类归入普通书库。

② 善本书库所藏抄本书十九年六月经专门委员会审查分别去留，改送殿本书库及各书库者甚多。故部数册数比较上届报告稍有参差，其他各库之书亦有改送重复书库者，亦同此例。

③ 本库专收钦定诸书，以宫史及续宫史所著录者为范围。其刊刻在续宫史以后者，如系钦定书或御制书亦一律收入，每种只选一部。

5. 经部书库[①]

共 990 部 7510 册，又汇刻 62 部 5783 册。

6. 史部书库

共 1316 部 28,261 册。

7. 子部书库

共 1539 部 16,701 册。又大字石印本图书集成 4 部共 20,176 册。

8. 集部书库

共 1845 部 20,013 册。又丛书 106 部 7255 册。

9. 满文书库

共 362 部 12,843 册。内有精写本御制五体清文鉴 1 部 36 册，为海内极罕见之书。

10. 杨氏观海堂藏书

杨氏观海堂藏书于民国十八年（1929）由大高殿分馆移入本馆，共 1667 部 15,906 册。

11. 志书书库

清史馆旧藏各种书籍除民国十九年二月点交国府接收一部分（共计 31,947 册）外，尚存各省方志共 2814 部 25,292 册（另室庋藏），其余普通刻本及写本之书均依类分置于各库包括上列统计之内。

12. 重复书库

共 5319 部 70,830 册。内经部 792 部 9917 册，史部 647 部

---

① 凡版本绝对相同除各库留藏三部外，余均为重复书，仍按四库分类编入重复书库。

19,829 册，子部 2484 部 12,805 册，集部 1396 部 28,252 册。

13. 杂书库

将各库房内之杂书一并提出，于萱寿堂外院西屋设杂书库共 1175 部 6193 册。

这是故宫博物院图书馆古籍善本存量最丰富时候的分库情况。后因战争影响，文物南迁，图书大量散佚。书库已经发生了很大变化，比如杨氏观海堂藏书现已藏于台北故宫。善本书库的宋元刊本也已大都移交与国家图书馆。时至今日，故宫博物院图书馆根据藏品实际情况，分为善本书库、普通古籍书库和书版书库。

## 二、藏书散佚及现状

故宫博物院图书馆藏书的散佚有历史的和现实的原因。日本侵华造成故宫文物南迁，最终一部分文物没有运回故宫博物院，其中也包含一批古籍善本。此部分古籍善本最终被运往台湾，从此与大陆一水相隔，分散两地。故宫博物院运台图书统计如下。

表 3　故宫博物院运台图书明细

| 图书类别 | 箱数（箱） | 册数（册） |
| --- | --- | --- |
| 善本图书 | 83 | 14,348 |
| 善本佛经 | 13 | 713 |
| 殿本佛经 | 206 | 36,908 |
| 满蒙藏文书 | 23 | 2610 |
| 观海堂藏书 | 58 | 15,500 |

（续表）

| 图书类别 | 箱数（箱） | 册数（册） |
| --- | --- | --- |
| 地方志 | 46 | 14,256 |
| 实录库藏书 | 6 | 10,216 册 693 页 |
| 四库全书 | 536 | 36,609 |
| 四库荟要 | 145 | 11,169 |
| 古今图书集成（三部） | 86 | 15,059 |
| 藏经 | 132 | 154 |
| 合计 | 1334 | 157,542 册 693 页 |

在抗日战争时期，故宫博物院未受到大的冲击，只有太庙图书馆[①]受到一定的冲击。1938 年 6 月 15 日至 16 日，敌伪宪警就劫走故宫博物院太庙图书馆图书 165 册、杂志 4131 册，焚毁图书 164 册，杂志 3277 册。1939 年 3 月 13 日，敌伪宪警再次劫走太庙图书馆杂志 3 种 37 册。这些图书不是珍贵的古籍善本，损失总体来说不大。

故宫博物院图书馆藏品散佚另一重要时期是新中国成立后。为支援兄弟单位建设，故宫图书馆多次调拨图书，做出重要贡献。1949 年至 1978 年，故宫博物院图书馆调拨给了北京大学图书馆、中央民族大学、内蒙古大学、中国科学院新疆分院、北京市文物局、河北图书馆、湖北图书馆、天津市人民图书馆、内蒙古图书馆、河南省图书馆、中国人民大学图书馆、沈阳故宫、湖北长江航运等 23 个单位善本和普通古籍共计 7772 部 145,610 册。

---

① 1935 年 5 月，为方便读者借阅，经故宫博物院理事会决议，特在太庙设立图书馆太庙分馆。1950 年 4 月，太庙移交北京市总工会使用，故宫图书馆太庙分馆关闭。

此外，1951 年故宫博物院将原藏北京柏林寺乾隆刻本《龙藏经》原刻经版 78,289 块及其他书版共计 130,493 块划拨给北京图书馆。

故宫博物院 1954 年划拨给第一档案馆舆图 5747 件，1957 年移交第一历史档案馆复本书籍 13,103 册，1977 年移交第一历史档案馆宫廷书籍 220 部 5044 册。

1958 年，故宫博物院决定除留下与院有关的部分书籍，其他书籍全部划拨给北京图书馆，由其统一分配处理。截至 1959 年，划拨给北京图书馆书籍合计为 26,262 种 307,844 册，另 138 副、460 夹、909 卷、61 张、26 帙、11 轴、9 件、67 包。因库房紧张，北图取走了故宫博物院所藏的《天禄琳琅》205 部 2347 册以及其他善本 29 部 509 册，以及新购的《天禄琳琅》藏书《续资治通鉴纲目》1 册，其他大部分暂存故宫。1977 年 3 月，故宫博物院随着工作的开展，感到仍需要外拨北图之图书，遂上函文物局索回了仍寄存故宫之图书，合计 20 余万册。故宫藏书的精华散佚于北京图书馆。

建院 90 余年来，故宫博物院图书馆跟随故宫博物院几经沉浮，藏品有聚有散，目前藏品基本固定。2002 年至 2009 年，故宫博物院进行了 7 年的文物清理，基本摸清了家底，现有藏品如下表。

表 4　故宫博物院现有藏书明细

| 类别 | 册（件）数 |
| --- | --- |
| 殿本 | 39,913 |
| 图档 | 2947 |

（续表）

| 类别 | 册（件）数 |
| --- | --- |
| 陈设档 | 737 |
| 过火经 | 588 |
| 宗教典籍 | 28,284 |
| 书版 | 206,257 |
| 地方志 | 15,808 |
| 民族古籍 | 24,920 |
| 抄本 | 24,884 |
| 内府戏本 | 11,506 |
| 复本 | 34,393 |
| 残本 | 16,867 |
| 版画 | 5995 |
| 刻本 | 23,466 |
| 舆图 | 326 |
| 佛经 | 3603 |
| 其他（石版） | 5 |
| 普通古籍 | 123,491 |
| 资善本 | 6451 |
| 资版 | 31,897 |
| 总计 | 602,338 |

## 三、藏书的保护利用

在古籍善本的保护利用上，故宫博物院最初主要是对其进行整理出版，让藏书化身千百以飨学人。后随着数字化影像技术的进步，故宫对藏书进行了拍摄整理，并研制了数据库，不仅减少了古籍查阅次数以达到保护古籍的目的，同时也大大便利了学者们的检索使用。

## （一）整理出版，化身千百

### 1. 民国时期的故宫博物院图书馆的出版

民国十八年五月由陈垣、张允亮、陶湘、朱希祖、余嘉锡等组成图书馆专门委员会，此后关于学术之事大都由专门委员会决定。图书馆的编目等业务工作也受到了特别委员会的指导。其间图书馆把整理的成果付梓印刷。民国时期陆续出版的图书大致如下。①

（1）读书堂西征随笔

1928 年据清内府刻本排印，清汪景琪著。

（2）故宫善本书影初编

1929 年影印本，每部一册，实价五元。

本编所影善本经籍四十一种。计经部收宋本九、影宋本二、元本五、影元本一，共十七种；史部收宋本五、元本二、共七种，子部收宋本一、影宋本一、元本三，共五种；集部收宋本六、元本六，共十二种。多为内府珍储人间罕观之书，首由专门委员会张君允亮编为书录考著版本大略以助观览。

（3）上京纪行诗一卷

1930 年影印明刊本，每部一册，实价五角。

---

① 书库及编目出版主要参考 1931 年、1936 年所编之《故宫博物院图书馆概况》，也爬梳了民国时期的出版目录。以出版时间先后顺序排列，并对图书内容作一简单描述。

元柳贯撰。贯字道传，浦江人，至正元年擢翰林待制兼国史院编修官，故世称柳待制，有文集二十卷。此上京纪行诗一卷乃延佑七年贯官国子助教分教北都及泰定元年被命考试进士而次于役阳之作。凡诗四十一首，原本为谦牧堂藏书，明初刊本也。卷末有洪武丁巳宋濂一跋：惓惓师弟之谊，授受渊源可以想见焉。

（4）太平清调迦陵音一卷

1930年影印明金栗园刊本，每部一册，实价一元二角五分。

明叶华辑，从明刊本青莲露内摘出。华字茂原，曲阜人，与陈继儒、费元禄辈友善。清莲露其所撰杂著也，明人散曲侧艳居多，茂原此作独悠然有出世之想。冰雪道人序称其：言言药石，字字琳琅，照昏衢之慧灯，济荒年之粒粟。非妄叹也。

（5）李孝美墨谱三卷附潘膺祉墨评一卷

1930年影印明如韦馆刊本，每部二册，实价二元五角。

宋李孝美撰，孝美字伯扬，书三卷，曰图曰式曰法。据书首李元膺序，伯扬曾亲至鲁山从矿工野人询问为墨之法。如伐松取煤等，悉毕，具有言不能载者，则证之以图。盖其于制墨之法好之笃而知之真，故言之能详如此。此为明万历间歙县潘膺祉如韦馆刻本，后附墨评一卷，则当时名流题赠膺祉之作。膺祉字方凯，万历间以制墨名一时，因从焦弱侯得见孝美此书，而业已大进乃锓梓流传。此本极罕见，与四库全书本颇有异同。本馆用原本影印，并由专门委员会赵君万里以阁本对勘，著为校记附后。

（6）淮海居士长短句三卷

1930年影印宋刊本，每部一册，定价八角。

宋秦观撰。观字少游，苏门四学士之一。四库总目谓少游诗格不及苏黄，而词则情韵兼胜，在苏黄之上。此本为宋乾道间浙中所刊，附于《淮海集》之后。世传汲古阁本淮海词先后倒置，谬误实多，且妄增入他人之作。其较古而胜于毛氏本者，则有明嘉靖间张綖刻附淮海集之本，似即从此本出。然以此本校之，则足以订正其误者，正复不甚少。归安朱氏校刊淮海词以不得宋椠一校为憾。此本既出，诵秦词者可以得善本矣。

（7）殊域周咨录二十四卷

1930年据明本排印，每部八册，实价六元。

明严从简著自朝鲜、日本、琉球、安南、南洋群岛以及天方哈密蒙古女直诸国。著一国之始终，而其山川、道里民风、物产皆详考焉。各家诗文有关诸国时事者亦备载靡遗。其自序谓勘讨之略，守制之策，列圣威让之谟。诸臣经画之论随事具载，用力可谓勤矣。此书清乾隆间列在禁毁书目，传世极罕。本馆藏有旧抄本，复从北平图书馆假得明版互相校勘付诸排印以广其传。

（8）吴射阳先生存稿四卷

1930年据明万历丘氏刊本排印，每部二册，定价一元五角。

明吴承恩撰。承恩字汝忠，明淮安山阳人。性慧多敏，博极群书。其诗文师心匠意，不名一体。虽与七子中徐子兴往还最密，而不肯依傍七子以钓声誉，盖独行之士也，其为人兼善。谐剧所著别有西游记一书，虽虞初之流，然颇脍炙人口。而诗文集传本至希，本馆藏有万历己丑丘度原刻，乃据以印行。

（9）河源纪略三十六卷

1931年影印武英殿本，每部八册，实价八元。

清乾隆四十七年，纪昀等奉敕撰。寻绎史传，旁稽众说，综其向背，定其是非，首冠以图，次列以表。次曰质宝次曰证古次曰辨伪次曰纪事次曰杂录凡三十五卷，卷首一卷则清高宗御制诗文也。沿溯真源，祛除谬说，自有此书而河源始有定论矣。殿本流传颇罕，今照原书影印与真本无异。

（10）故宫方志目

1931年排印本，每部一册，实价一元。

本馆所藏各省通志及府州县志都二千八百四十余部，除去复重计存一千八百余种，内颇有明代珍本，今不易得者。至于清代所修世推善本及名家著作传本甚稀者亦大略备具，编成总目以备观览。末附志名索引，籍便检查。

（11）天禄琳琅丛书第一集

1931年版，25种28册，六开大本夹连纸精印，定价一百元。

论语集解十卷，孟子赵注十四卷

影元盱郡重刊宋廖氏本，盱郡亦作盱江，江出江西南城县，宋为建昌军治，元为建昌路治。有盱江书院，即李泰伯教授之所，此本或刊置书院者欤。廖氏九经在宋已为世重，相台岳氏本即从之翻雕。倦翁《九经三传沿革例》序自述：当日搜求，全帙备极艰难，此虽元翻，亦可宝也。孟子赵注，清乾隆间有孔韩二刻，孔据校本，韩据孔本，未为精善。近年乃有影印日本旧刊及宋蜀大字本流传于世。《论语集解》则除《古逸丛书》覆日本正平本外竟无佳刻。而二书天禄琳琅书目后编著录者有相台岳氏本，不知武英殿重刊相台五经时，何以不问焉！锓梓岳刻今已亡，此本已成硕果，爰亟影印以冠丛书。

（12）尔雅郭注三卷

1931年影南宋监本，南宋胄监大字诸经多覆北宋监本。北本则源出后唐长兴旧刻。

尔雅为四门博士李鹗书《玉海》著其渊源甚备。《古逸丛书》亦祖是刻，而误以为出于蜀本。惟书尾有李鹗衔命，此转无之。则缘末二页出毛氏写补，别据他刻，遂致佚去。故二页内注文微有异同，非原书也。卷中经注文字兼具众本之长，不唯胜于元明诸刻，亦非其他宋椠所及，可谓尔雅第一善本。黎本一再翻刻，非复旧观，不如此本。犹为近古本院所庋杨氏观海堂藏书中有日本影抄室町氏覆宋本，尔雅即黎刻所自出。兹影印其末二页附于书之后并列参稽，则长兴模式庶乎可以想象得之矣。

（13）周髀算经二卷音义一卷 九章算经存一至五卷 孙子算经三卷 五曹算经五卷 夏侯阳算经三卷 张丘建算经三卷 缉古算经一卷

1931年影汲古阁影宋抄本。

唐以明算设科教士以此七者合之海岛算经、五经算术、缀术共为十书，而兼习数术纪遗及三等数，则立学官者十二书也。宋崇宁立学有前六种，并海岛算经而七。盖五代之乱，缀术、三等数并亡。见有崇文总目者，十种而已。南宋之初，数术纪遗又佚。嘉定中，鲍瀚得之于七宝山三茅宁寿观道藏中，复为十种，然已非唐代十书之旧。元明不重此学，算经仅周髀间有刊传，余则竟成绝响。清乾隆间修四库全书，算经多从永乐大典辑出。惟张丘建算经辑古算经二种，别用王杰藏本，亦云出自毛抄。曲阜孔氏所刊算经种目与宋之十书同，其七种皆据此本。鲍氏知不足斋丛书中亦刻其四，而两家之书皆经校改，字句既有增损，行格亦间移易，书非不善，然失旧观。此本虽经影写，体格审为闽刻。以周髀后鲍澣跋推之，当是澣权知汀州时复刻元丰官本。官本由秘书省后进国子监梓行。直斋书录解题称为京监本是也。海岛算经、五经算术、数术纪遗三书，宋刻今已无闻。毛氏误以为缀术为在此十种内，犹做完璧之想，则益不可求矣。

（14）佩韦斋文集二十卷

1931 年影元皇庆本。

德邻此集书目著录皆传钞本，亦有仅存文字十六卷，不附辑闻者。四库总目因疑辑闻出后人缀合。此本椠写并工，初印精湛。真俞集祖刻前十六卷为诗文，后四卷辑闻乃当日原编。如此其入内府当在四库全书告成之后，馆臣盖未之见也。

（15）北平故宫博物院图书馆概况 1931 年 袁同礼编

（16）清宫史续编一百卷

1932 年据清嘉庆抄本排印，每部十二册，定价九元。

此书原名国朝宫史续编，嘉庆六年敕撰。凡宫殿之壮丽，文物之美富，前朝之旧典，宫廷之轶闻，记载详明，文词优美而宏博精审，较之前编殆有过之。原书向无刊本，兹以懋勤殿所藏抄本缮录校印。

（17）清宫史续编书籍门

1932年据清内府抄、刻本抽印，每部四册，定价二元。

书籍一门凡二十六卷，分十九目：曰实录曰圣训曰圣制曰御纂曰御题曰鉴藏曰钦定曰方略曰典则曰经学曰史学曰志乘曰字曰类纂曰校勘曰石刻曰图像曰图刻曰图绘。内府图书之富，灿然备陈。兹特抽印发行以供研究之助。

（18）明史本纪二十四卷

1932年影印乾隆武英殿刻本，每部五册，定价三元五角。

明史于乾隆四年由武英殿刊印版行。其后高宗以本纪中事迹未能精详，而秉笔诸臣往往偏徇不公，每多讳饰，特命刘墉等将本纪原本逐一考覆，另行改辑，书成于乾隆四十二年，即此本也。本馆以是书流传绝少，故将宫中所藏原本影印行世。

（19）故宫所藏观海堂书目四卷

1932年排印本，每部一册，定价一元五角。

杨惺吾观海堂藏书多购自日本，民国初年鬻于政府。民九政府曾以其藏书之一部分捐赠于松坡图书馆，而留其抄本校本及版本之佳者，间有宋元椠而明刊及日本刊本亦不鲜其书。原藏国务院，民国十五年随同军机处档案移至大高殿，后由大高殿移藏本馆。今特将书目重行编订以便检阅。

（20）宣和奉使高丽图经四十卷

1932年影宋乾道三年澂江郡斋本。

兢书，成于宣和六年。未及刊行而遭靖康之乱，致亡其图。乾道三年，其从子蒇权发遣江阴军主管学事，始刊置澂江郡斋，即是本也。后来传世无佳刻书目著录，率皆传抄，此仅存祖本，藏书家获见者鲜，惟毛斧季当从宋氏借校，汲古阁好刻异书，不知当日何以不为锓梓。清乾隆间鲍氏知不足斋合数本校正重刊，文字仍多阙佚，庐山真面目赖此本之存。

（21）历代名医蒙求二卷

1932年影宋临安府太庙前尹家书籍铺刊本。

守忠此作采摭传记，集名医状迹二百事，隶以韵语，凡成百联。条系原书而为之注，虽取便记诵，于医学鲜所发明，而所引颇有不经见之古书亦足资校辑。是本刻于嘉靖庚辰，盖守忠自付尹氏锓梓者。《延令宋版书目》著录周氏所著如养生类并见四库存目。惟无此种。千顷堂书目虽有之，而误记二卷为一卷，黄氏殆未见原刊欤？

（22）老子道德经章句二卷

1932年影宋麻沙刘氏刊本，所谓刘通判宅盖业书者也。

老子善本传世甚希，此帙椠印绝佳，注文远胜元明俗本。虽不免间有脱误，仍为瑕不掩瑜，未可以其为麻沙坊刻而少之。

（23）常建诗集二卷

1932年影宋临安府棚北大街睦亲坊南陈宅书籍铺刊本，即世所称书棚本也。

南宋临安业书者，以陈氏为最，亦称陈道人，名起字宗之。所著有《芸居小稿》。交游者皆一时诗人投赠之什见于宋人集中颇多。刻书极富，唐贤小集多赖以传。《江湖后集》载周瑞臣《挽芸居诗》，所以有诗“诗刊欲遍唐”之句，此其一也。分卷与明以来刻本不同，诗之编次亦异。常尉集当以此为最古。原书初印极美，惜虫蚀太甚。因假建德周氏藏本倩良工摹写阙字，影印补完，乃可诵读。考《咸淳临安志》，睦亲坊在御街西首，地近御河之棚桥，故大街以棚北称，是棚属于桥而不属于书，后世蒙以书棚本之名，殆失其意。

（24）故宫所藏殿本书目

1933 年版。

此编就殿本书库所藏刊本、聚珍本编为目录。编述宏富，刊刻精良，可见文物之盛。

（25）故宫殿本书库现存目

1933 年排印本，每部三册，定价二元五角。

此书目三卷，经本馆专门委员会陶兰泉先生审定。分类依宫史而略有增损，凡殿本聚珍本铅印本抄本进呈本与内廷有关者均载焉。书影十余篇，图画精良，尤为悦目。

（26）摛藻堂四库荟要目

1933 年排印本，每部一册，定价三角五分。

四库荟要，清乾隆三十八年于敏中、王际华等奉敕编录。于四库全书撷其精华，缮为荟要，篇式一如全书之例。凡 437 种 11,151 册，原存摛藻堂，今将书目校印以备参考。

（27）满文书籍联合目录

1933 年排印本，每部一册，定价二元。

此书系取故宫图书馆及北平图书馆所藏之满文书籍编辑而成。篇首列有书影六幅，汉文书名下加注罗马字之满文书名。篇末附满汉文书名，索引最便检查。研究满文书籍者必备之参考书也。

（28）素园石谱四卷

1933年石印本，每部四册，定价八元。

此书为明林有麟撰，凡四卷。所居素园聚奇石百种，其绘为图，极玲珑秀透之妙，缀以前人题咏，手执斯编，别饶逸趣。用原刊本重印，以供同好。

（29）天禄琳琅、四库荟要排架图

1933年影印清宫陈设档本，每部一册，定价一元。

（30）重整内阁大库残本书影

1933年版。

（31）图书馆南迁书籍清册

1933年版。

（32）故宫善本书目

1934年版。

此编经本馆专门委员会张庾楼先生审定。第一编天禄琳琅现存目，第二编天禄琳琅录外书目，第三编宛委别藏书目。于宋元明版刻，辨析源流，鉴别真伪，非真知灼见者不能若是精审也。欲知清代内府藏书者，于此一编是为参考。而研究版本者亦当以先睹为快。

（33）故宫普通书目

1934年排印本，每部三册，定价二元五角。

故宫所藏普通图书分为五库，曰经曰史曰子曰集曰丛书。兹就五库所储编成书目，其中明清两代名人文集颇称丰富，文献所存，足资参考。至于版刻之精良，如明刊本武英殿本家坊本仿宋本各省官书局本等多属当时初印。叙列详明，殊便检阅。研求典籍者，案头宜置一编。

（34）昭德先生郡斋读书志四卷

1935 年影印宋槧袁州本 宋晁公武著。

（35）选印苑委别藏四十种

1935 年版。

（36）史记校

1935 年据乾隆武英殿刻本排印本，每部一册，定价八角。

安丘王筠撰。著者为清道光间经学名家，尤长于说文之学，治经之暇复称史记校一书。自序谓尝读史记，即取汉书校之，互相触发意蕴，豁然书成。尚未刊刻，官山西乡宁县时曾缮录进呈。兹特据宫中所藏本教刊以为读史记之助。

（37）启祯野乘十六卷

1936 年据清咸丰内府刻本校印，清邹漪著。

（38）故宫博物院图书馆概况附太庙图书分馆概况

1936 年，袁同礼编。

（39）国立北平故宫博物院太庙图书分馆书目初编

1937 年版。

（40）总管内务府现行则例二十卷

1937 年据清咸丰内府刻本排印，清裕诚、文璧等撰。

（41）唐写本王仁煦刊谬补缺切韵

1947 年影印本。

（42）詹东图玄览编四卷附录一卷

1947 年据明万历抄本排印，明詹景凤撰。

（43）故宫方志目续编

1948 年。

图书在南迁期间，亦未放手业务，搬运间隙也开展了一定的业务工作。例如文物南迁至乐山时，乐山地方人士为刊刻乡贤专集，搜求善本校钞，曾派员到故宫博物院驻乐山办事处就钞。自 1944 年 11 月 14 日到 19 日，计钞成四库子部《武编》、集部《眉庵集》《颐山诗话》《荆川集》《李文公集》五种。为业务上研究需要，曾作校勘书籍二次：一次于 1940 年 7 月间，校勘《荀子考》《荀子增注》《新序考》《孔子家语》《史通通释》《醴泉县志》《庄浪志略》《甘肃新通志》《五凉考治六德集》《明一统志》《江南一统志》《新安志》《三辅黄图》《艺文类聚》诸书；一次于 1944 年 11 月间，校钞元刊本《群书类要事林广记》中《蒙古字书》、观海堂藏书《古谣谚》二书。[①]

### 2. 新中国成立后的故宫博物院图书馆的出版

新中国成立初期，百废待兴，故宫博物院图书馆承担了文兴之责，以其所藏支援兄弟单位建设，很长一段时间都没有继续出版事业。改革开放新时期以来，社会趋于稳定，故宫博物院图书馆才又有了新的出版物，简单整理如下（仍以出版时间为先后顺序）。

---

① 欧阳道达 . 故宫文物避寇记［M］. 北京：紫禁城出版社，2010：80—81.

表 5　新中国成立后的故宫博物院图书馆出版物

| 序号 | 出版时间（年） | 出版物名称 | 备注 |
|---|---|---|---|
| 1 | 1981 | 平定金川方略 153 卷 | 乾隆内府铜版印本书版刷印 |
| 2 | 1981 | 清实录 | 参与合作影印 |
| 3 | 1989 | 剿平三省邪匪方略 409 卷 | 嘉庆武英殿刻本书版刷印 |
| 4 | 1992 | 两朝御览图书 | |
| 5 | 1994 | 故宫藏人物照片荟萃 | |
| 6 | 1995 | 清代内府刻书目录解题 | |
| 7 | 2001 | 故宫珍本丛刊 | 731 册 1100 多种珍本图书，1600 多种清代南府与升平署剧本和档案 |
| 8 | 2001 | 满文大藏经 108 函 | 乾隆内府刻本书版印刷 |
| 9 | 2001 | 满文大藏经版画 118 副 | 乾隆内府刻本书版印刷（未出版） |
| 10 | 2001 | 清代敕修书籍御制序跋暨版式留真 8 册 | |
| 11 | 2003 | 藏传佛教众神：乾隆满文大藏经绘画 | |
| 12 | 2004 | 清代内府刻书图录 | |
| 13 | 2005 | 盛世文治：清宫典籍文化 | |
| 14 | 2005 | 清代帝后玺印谱全 13 册 | 影印清诸帝及慈禧太后宝薮 |
| 15 | 2006 | 永乐文渊—清宫典籍文化艺术 | |
| 16 | 2007 | 天禄珍藏：清宫内府本三百年 | |
| 17 | 2007 | 官样御瓷—故宫藏同治光绪器物图样与瓷器 | |
| 18 | 2007 | 清代御制诗文篇目通检 | |
| 19 | 2007 | 钦定武英殿聚珍版程式 | 影印乾隆武英殿聚珍版本 |
| 20 | 2008 | 永乐北藏全 200 册 | 影印明内府刊本 |
| 21 | 2008 | 嘉兴藏 | |
| 22 | 2008 | 第一届清宫典籍国际学术研讨会论文集 | |

（续表）

| 序号 | 出版时间（年） | 出版物名称 | 备注 |
| --- | --- | --- | --- |
| 23 | 2009 | 心清闻妙香：清宫善本写经 | |
| 24 | 2009 | 尽善尽美：殿本精华 | |
| 25 | 2009 | 同文之盛：清宫藏民族语文辞典 | |
| 26 | 2009 | 营造法式全 13 册 | 影印故宫藏钱曾抄本 |
| 27 | 2009 | 究竟定·清宫藏密瑜伽修行宝典 | 影印故宫藏清绘本 |
| 28 | 2010 | 最后的皇朝：故宫藏世纪旧影 | |
| 29 | 2010 | 故宫博物院藏石渠宝笈全 235 册 | 影印清内府精抄本 |
| 30 | 2010 | 金陵全书 | |
| 31 | 2011 | 图文天下：明清舆地学要籍 | |
| 32 | 2011 | 广东历代方志集成 | |
| 33 | 2012 | 钦定武英殿聚珍版丛书全 1413 册 | 影印武英殿聚珍版 |
| 34 | 2012 | 皇帝写经套装 3 册 | 影印清康熙雍正乾隆三帝御笔写经 |
| 35 | 2013 | 故宫博物院藏稀见方志丛刊全 160 册 | 选印 120 种孤稀方志 |
| 36 | 2013 | 故宫博物院藏内府珍本·第一辑 | 5 种内府珍本皇室教材 |
| 37 | 2014 | 钦定天禄琳琅书目 | 影印清乾隆、嘉庆内府抄本 |
| 38 | 2014 | 清宫武英殿修书处档案全 11 册 | 与第一历史档案馆合编 |
| 39 | 2014 | 故宫博物院藏品大系 | |
| 40 | 2015 | 广州大典 | |
| 41 | 2015 | 光影百年：故宫博物院九十华诞典藏老照片特集 | |

## （二）研制数据库，便利学人

随着数字化技术的出现，故宫博物院图书馆也与时俱进，于2008 年立项“孤善古籍数字化项目”，截至目前共扫描珍稀古籍1984 种 5401 册，并精选应用较多的古籍档案影像，制作了精致的数据库，为科研工作大大提供了便利。

研制的电子数据库有：《清宫陈设档》全文检索数据库、《秘殿珠林》《石渠宝笈》《天禄琳琅》《故宫物品典查报告》《方志库》图像数据库、武英殿修书处档案、清代御制诗文全集。

孤善古籍数字化可以让读者直接检索阅览古籍内容，减少翻阅原书的次数，有利于古籍的保护。除对古籍进行修复外，古籍数字化是目前古籍保护工作的一项重要措施。全文检索的数据库基本实现了“句句可检，字字可检”，有助于学者迅速找到所需的档案文献资料，提高了科研工作的效率。

1925 年，故宫博物院成立之初，即设古物、图书两馆。图书馆下设图书、文献二部。1929 年文献部独立为文献馆，由此三馆鼎足而立。故宫博物院藏书以流传有绪的清代宫中旧藏为主要特色。其渊源可上溯至宋元，风格特色鲜明。虽因历史原因在大陆、台湾等地多有流散，但仍荟萃了珍稀精品。其中，尽善尽美的武英殿刻本、明清内府精抄本，品种繁多的历代佳刻、地方史志及满、蒙、藏等民族文字古籍等，均为善本旧籍之属；而异彩纷呈的帝后服饰图样、皇家建筑图样、旧藏照片、昇平署戏本和陈设档案，以及佛释经籍、皇帝御笔和名臣写经等，统为特藏之属。一代代故宫图书馆人不断对所藏珍稀文献进行整理研究，并择精华珍藏予以出版，延续文脉亦可泽被世人，可谓功不唐捐。

# 第七章 数字媒介传播与印本文化的未来

随着媒介技术的迭代发展，媒介与传播方式发生了重大变革，尤其随着数字媒介的到来，印本昔日的权威受到冲击，电子屏幕与智能阅读逐渐成为受众青睐的对象与方式。在这场新的媒介革命中，作为传统印刷媒介的印本不得不开始移向电子荧屏。据统计，2021 年我国电子图书产业收入规模达到 4 亿元，同比增长 33%，2022 年国内电子图书产业收入规模将达到 5 亿元，同比增长 25%。[①] 以智能手机、电脑等为代表的新一代数字媒介产品，更是彻底地颠覆了传统意义上的文本内容生产与传播方式。面对数

本章作者 杨利利　北京印刷学院马克思主义学院讲师

① 2022 年出版行业分析报告［EB/OL］.（2023-01-16）https：//wenku.baidu.com/view/fc3b9dff4328915f804d2b160b4e767f5acf806f.html.

字媒介传播的大肆兴起，人们在对印刷媒介唱衰的同时，也对印本的未来存在与发展深感忧虑，不禁猜测印本文化是否会走向衰落甚至是消逝。为此，既要看到印本文化在数字化、网络化、智能化媒介传播境遇下所面临的挑战，也应充分肯定其在未来存在发展的独特价值，进而为其保存和传承构建有效的媒介融合路径。

## 一、印刷媒介的数字化浪潮

技术发展是印刷媒介变迁的动力。在技术的推动下，印刷媒介经历了一次次的变革，新兴的数字化、网络化、智能化媒介逐渐兴起并对传统的印刷媒介形成冲击，印本文化的主导地位面临挑战，新的文化图景开始形成。

### （一）印刷媒介变迁的技术动力

作为一种传播媒介，印刷媒介在文字信息传播方面发挥了重要作用。其中，纸张作为载体，承载了人类文明的符号表达。事实上，早在印刷媒介诞生之前，人类就借助于口头交流来完成对信息的传输，这种信息交流的媒介方式被称为口语媒介。相比而言，印刷媒介不仅实现了对传输信息的有效保存，而且更加具有理性化的特点。因此，印刷媒介相比于口语媒介而言，在文化信息传播中的重要作用是不言而喻的。这一点，主要依托于作为

"四大发明"的造纸术与印刷术的发明及应用。造纸术和印刷术使人类文明进程彻底告别了"口头文化"时代，造就了以印刷文本为基础的"印本文化"。得益于印刷媒介的广泛应用，在人类发展的很长一段历史时期内，书籍成了人们获取知识与文化信息的主要媒介形态。可以说，在印刷媒介的作用下，印本的生产越来越具有规模性和组织性，印本所承载的文化传播也更为广泛和高效，从而延绵了人类的历史文明。

技术发展是推动印刷媒介变革发展的动力。纵观人类的发展历程，不难看出，在社会需求的拉动以及技术发明的推动下，印刷媒介进行了一次次革命，从而不断改进升级，并在推动印本文化生产与传播中发挥了重要作用。近年来，人工智能、大数据、区块链、物联网、云计算、5G 等数字化、网络化、智能化技术的变革与应用使印刷媒介从根本上发生了变化，并动摇了纸张的传统历史地位。纸张作为一种承载文字信息的载体，在文化保存与传输中的意义不言而喻。最为典型的评价："是从 17 世纪到 19 世纪末，印刷品几乎是人们生活中唯一的消遣。那时，没有电影可看，没有广播可听，没有图片展可参观，也没有唱片可放。那时更没有电视。公众事务是通过印刷品来组织和表达的，并且这种形式日益成为所有话语的模式、象征和衡量标准。"[①] 尽管技术革命催生了印刷领域的数次变革，但纸张的位置始终没有被撼动。然而，数字化、网络化、智能化技术的发展表现出其特有的技术优

① ［美］尼尔·波兹曼．娱乐至死［M］．章艳，译．桂林：广西师范大学出版社，2004：54.

势与特征，彻底重塑了文字的储存形态、传播方式，衍生了新的媒介形态，从而对传统的印刷媒介形成了挑战。可以看到，过去占据核心地位的纸张不再拥有绝对性的优势地位，一种全新的交流形式与资讯工具——电子屏幕取而代之，这促使传统的印刷媒介不断移向电子荧屏，电脑、智能手机等电子通信设备更是彻底颠覆了文本生产与信息传播的方式。尤其是随着近年来元宇宙的爆发式发展，未来将会有包括智能创作、智能推送、沉浸式交互体验等更多的创作形式与阅读形式出现。

### （二）数字媒介传播的优势

数字化、网络化、智能化媒介以二进制为基础，在信息记录、储存与传播方面呈现出与传统印刷媒介不一样的新特点。第一，多元要素的构成。文字不再是唯一的信息构成形式，其他的诸如图片、音视频等，都逐渐成为数字化、网络化、智能化媒介信息之重要构成。第二，有效的互动性。通过数字化、网络化、智能化媒介了解信息，能够增进公众与媒介之间的互动，并赋能信息主体可按个体需求主动选择与接收信息。第三，较强的时效性。互联网具有较高的时效性，国内外事件一旦发生便会在短时间内通过网络得到广泛传播。数字化、网络化、智能化媒介的发展依赖于互联网，使得信息传播的即时性得以显著提升。正是因为数字化、网络化、智能化媒介的特点非常鲜明，所以相比于传统的印刷媒介而言，其所具有的优势功能也是显而易见的。首先，在信息容量上，包纳了庞杂的多元信息，实现了信息量的巨大扩容。对于公众而言，借助于数字化、网络化、智能化媒介能够快速有效地获取所需信息。同时，由于信息承载的形式多种多样，公众接收信息的渠道也更为多元化，这无疑助益于公众更为有效地理解信息，提升体验感。另外，在数字化、网络化、智能化媒介方式的信息获取中，信息间的边界模糊，当公众试图了解所需的特定信息时，与之相关联的一系列内容也随之呈现出来，从而方便公众更为全面、系统地洞悉与之相关的其他信息。因此，就信息容量而言，数字化、网络化、智能化媒介承载的信息容量远非纸质媒介所能比肩。其次，阅读方式更为灵活。在网络信息技术的支撑下，除了传统意义上的电视、广播，新的阅读信息界面大量涌现，如平板电脑、智能手机等等。最后，在交互方式上，信息的互动生成成为显著特征。公众通过数字化、网络化、智能化媒介，能够较快地搜集整合各类信息，并与信息发布者进行及时的互动沟通，譬如微博、微信、网络直播平台等都呈现类似的功能。数字化、网络化、智能化媒介较强的交互性，使得信息传播者与信息接受者之间的界限消弭，二者在信息的建构方面都体现重要作用。相对于纸质媒介，数字化、网络化、智能化媒介无疑体现出先进性和人本性的优势功能。

### （三）数字媒介传播下的文化图景

媒介作为连接人与世界之间的桥梁，塑造了人们认知世界的方式。纵观媒介的发展历程，其经历了由早期的口传媒介到印刷媒介再到如今的数字化、网络化、智能化媒介变革。随着技术的不断发展，新的媒介诞生并逐渐替代过去的旧媒介，从而完成了媒介史上一次次重大变革。对于新媒介而言，其独特性传播规律蕴含了不同的文化背景。梅罗维茨等人认为新媒介区别于旧媒介的社会性在于，建立在媒介基础上的社会文化模式的改变。作为长期占据传播主体地位的印刷媒介，曾在人类文化传播中起到重要作用，正是印刷文字信息使得人类积淀的知识得以广泛传播开来，从而对人类的生产生活产生深刻影响，正如莱文森所认为："这个知识炸药的冲击（intellectual dynamite），便利性和持久性混合而产生的爆炸，无孔不入，在古今各种宗教中都可以感觉到它的威力。"[①] 同时，印刷媒介的发展，促进了印本的大量印制，人们在印本阅读中提高了对人类生活世界的认知与了解，各个国家通过印刷文本进行法律条文及规则章程的制定、文学艺术作品的创作以及民族文化的外部输出等等。可以说，没有印本，世界文明便无从谈起。由于印刷媒介的便利性，人们对于印刷媒介形成高度的依赖性，这无形中加剧了信息传播规则与模式的重塑，由此带来印本文化的意义建构。尼尔·波兹曼认为，由印刷机统治思想的历史时期可以称之为阐释年代，即"阐释是一种思想的模式，一种学习的方法，一种表达的途径。所有成熟话语所拥有的特征都被偏爱阐释的印刷术发扬光大：富有逻辑的复杂思维、高度的

---

① ［美］保罗·莱文森．思想无羁［M］．何道宽，译．南京：南京大学出版社，2003：167.

理性和秩序，对于自我矛盾的憎恶，超常的冷静和客观以及等待受众反应的耐心”[①]。因此，印本中的世界是逻辑理性和有序的。而伴随数字化、网络化、智能化技术的发展，科技与文化交融而成的新文化构成社会文化新的重要组成。建立在数字化、网络化、智能化技术基础上的数字文本重塑了传统意义上的非线性阅读模式，各模块文本信息被划分为一个个线性单元，印本文化本身所具有的理性逻辑特征发生改变。在通过数字化、网络化、智能化媒介进行沟通交流过程中，人们也重建了文化信息传递模式。

## 二、数字媒介传播下的印本文化危机

在数字化、网络化、智能化媒介传播背景下，传统传播内容与方式发生深刻变革，在这一过程中印本文化受到冲击。无论是其内在的功能方面，还是外在的阅读方面都体现出相应的危机。

### （一）印本文化的功能危机

在人类历史的发展进程中，印本一直扮演着传承文明的重要角色。然而，印本本身也有明显的不足，其最为显著的特点即是信息传输的速度过慢，承载文化信息的文字内容是固定的，无法

① ［美］尼尔·波兹曼．娱乐至死［M］．章艳，译．桂林：广西师范大学出版社，2004：67.

实现信息编辑的灵活性和传递的即时性，从而造成信息的滞后。而数字时代的读者需要信息与材料安排的新形态，需要知识编排的新形态，他们习惯通过超文本、多媒体等数字化形式来采集信息、获取知识。正是在读者需求与技术发展的推动下，印本文化内在的危机逐渐得到克服。如今，印本通过内容与方式的改进，已经能够在很大程度上满足读者对于信息灵活编排、内容即时更新的内在诉求。虽然，我们所处的数字时代其印刷技术比任何一个时代都要先进，出版的书籍也比任何一个时代就数量而言更为庞大、种类更为丰富，但事实上印本所承载的核心文化功能却正在被瓦解。对于在纸与墨熏陶下成长的人们而言，印本形塑了其思想观念、思维方式、生活方式、行为习惯及文化习性等，但这一切在数字化、网络化、智能化媒介的变革中却遭到了剧烈冲击，并由此逐渐崩塌。其结果便是我们过去由白纸黑字影响的思想观念、思维方式、行为习惯等不再由印刷媒介而是由数字媒介决定了。

虽然，在今天印本并未完全脱离、淡出我们的日常文化生活，但事实上“书和阅读的功能和以往是大不相同了”[①]。数字化、网络化、智能化媒介传播能更好地满足人们多元化的需求，如文化阅读、生活消费、娱乐消遣等。对于个体而言如此，对于社会发展亦是如此。无论是在社会文化保存，还是时代发展记录等方面，印本文化的这种功能都出现式微。西方最为坚定的经典阅读文化的捍卫者——哈罗德·布鲁姆，在这一事实面前曾发出了这样的感

① 秦学智．波斯曼传媒与教育思想［M］．太原：山西人民出版社，2020：77.

叹："我们正在经历一个文字文化的显著衰退期。我觉得这种发展难以逆转。媒体大学（或许可以这么说）的兴起，既是我们衰落的症候，也是我们进一步衰落的缘由。"[①]

### （二）印本文化的阅读危机

媒介形态作为阅读行为活动发生的基础，不同形态的媒介决定了相应的阅读文化。随着数字媒介技术的迅猛发展，数字阅读逐渐成为人们最受欢迎的阅读方式。从2007—2020年国民阅读调查情况来看，我国成年国民综合阅读率在14年间增长超过10%，其中较为突出的就是数字化阅读率的迅猛增长（见表1）。在数字化的语境中，阅读方式、阅读媒介、阅读状态等等，都开始有别于印本的阅读。

表1　全国国民阅读情况（2007—2020年）

| 年份 | 图书 | | 报纸 | | 期刊 | | 电子书 | | 综合阅读率/% |
|---|---|---|---|---|---|---|---|---|---|
| | 阅读率/% | 人均阅读/本 | 阅读率/% | 人均阅读/份 | 阅读率/% | 人均阅读/本 | 阅读率/% | 人均阅读电子书/本 | |
| 2007 | 48.8 | 4.58 | 73.8 | 7.4 | 58.4 | 1.7 | 44.9 | — | — |
| 2008 | 49.3 | 4.72 | 63.9 | 88.6 | 50.1 | 8.2 | 24.5 | — | 69.7 |
| 2009 | 50.1 | 3.88 | 58.3 | 73.01 | 45.6 | 6.97 | 24.6 | — | 72 |
| 2010 | 52.3 | 4.25 | 66.8 | 101.16 | 46.9 | 7.19 | 32.8 | 0.73 | 77.1 |
| 2011 | 53.9 | 4.35 | 63.1 | 100.7 | 41.3 | 6.67 | 38.6 | 1.42 | 77.6 |
| 2012 | 54.9 | 4.39 | 58.2 | 77.2 | 45.2 | 6.56 | 40.3 | 2.35 | 76.3 |

① 王健.数字化语境下的阅读文化变迁［J］.长春：北方传媒研究，2018（4）：61.

（续表）

| 年份 | 图书 | | 报纸 | | 期刊 | | 电子书 | | 综合阅读率 /% |
|---|---|---|---|---|---|---|---|---|---|
| | 阅读率 /% | 人均阅读 / 本 | 阅读率 /% | 人均阅读 / 份 | 阅读率 /% | 人均阅读 / 本 | 阅读率 /% | 人均阅读电子书 / 本 | |
| 2013 | 57.8 | 4.77 | 52.7 | 70.85 | 38.3 | 5.51 | 50.1 | 2.48 | 76.7 |
| 2014 | 58 | 4.56 | 55.1 | 65.03 | 40.3 | 6.07 | 58.1 | 3.22 | 78.6 |
| 2015 | 58.4 | 4.58 | 45.7 | 54.76 | 34.6 | 4.91 | 64 | 3.26 | 79.6 |
| 2016 | 58.8 | 4.65 | 39.7 | 44.66 | 26.3 | 3.44 | 68.2 | 3.21 | 79.9 |
| 2017 | 59.1 | 4.66 | 37.6 | 33.62 | 25.3 | 3.81 | 73 | 3.12 | 80.3 |
| 2018 | 59 | 4.67 | 35.1 | 26.38 | 23.4 | 2.61 | 76.2 | 3.32 | 80.8 |
| 2019 | 59.3 | 4.65 | 27.6 | 16.33 | 19.3 | 2.33 | 79.3 | 2.84 | 81.1 |
| 2020 | 59.5 | 4.7 | 25.5 | 15.36 | 18.7 | 1.94 | 79.4 | 3.29 | 81.3 |

数据来源：据历年全国国民阅读调查报告整理

首先，印本阅读时间减少。随着数字化、网络化、智能化媒介的发展，阅读的形式发生变化，日渐兴起的读“屏”逐渐替代了传统的读“书”，在阅读内容方面也不再仅局限于文字性信息的“阅读”。在数字化、网络化、智能化阅读媒介技术的支持下，图片、音视频、AR、VR、MR 等新技术形态相互融合与补充，阅读形式更为多样化，阅读内容更具丰富性，尤其是在元宇宙技术赋能下，以 AIGC（Artificial Intelligence Generated Content，人工智能生成内容）为代表的生产方式将推动文本内容、声音、色彩、动漫等进一步融合，图书内容呈现形式更加多样，不仅出现了“阅视”“阅听”等智能阅读新形态，还出现了更为高级、更全新的“阅验”形态。在数字化、网络化、智能化阅读环境下，人们摆脱了以往的时空限制困境，可以根据自身需求在海量信息中自由选择，只需指尖轻轻一点即可实现随时随地的阅读，并且可以通过超链接、智能推荐等网罗到与阅读内容相关的更多信息。可以说，在一个数字化、网络化、智能化媒介高度发达的数字时代，人们对数字阅读产生了极大热忱，把大量的“阅读”时间都花费在了“读”电脑平板、数字电视、智能手机等上面，以迅速地获取所需信息。而对于纸质版的印刷书籍，停留的阅读时间则越来越少，表现出关注度下降的趋势。根据中国新闻出版研究院2012—2020年发布的全民阅读调查数据显示，2020年电子书阅读率为79.4%，远远高于图书、报纸、期刊的阅读率（见表1）。由此可见，在读“屏”时代，传统的以印本为主的阅读阵地呈现出式微态势。

其次，印本阅读表浅化。就阅读方式而言，包括了深阅读和浅阅读。深阅读作为一种持续性、线性化的阅读，能够对阅读信息进行深度挖掘、逻辑分析和系统思考。一方面，深阅读是人类作为理性动物理性思考的深刻体现；另一方面，深度阅读又反过来进一步促进信息主体进行抽象思维能力的锻炼。对印刷文本的阅读就是深阅读的典型体现，当读者沉浸于文字建构的知识海洋中时，能够进行深度的理性思索，从而能够获得系统化深入性的阅读体验。可以说，在人类社会的不断演进过程中，正是这种深阅读，促进了人类理性能力的一步步提升和社会的不断进步。无疑，在数字化、网络化、智能化技术的加持下，新的阅读形态克服了传统阅读形态诸多的局限性，使得阅读更具灵活性、便捷性和自由性。然而，这种阅读是一种浅阅读，由于阅读的不连续、不完整，阅读趋向于碎片化甚至出现断层化，这也在无形中使阅读者形成了非线性以及跳跃式的阅读思维。当这种阅读思维方式投射到阅读活动中时，无疑也呈现出与以往不同的浅表化阅读模式。长此以往，必然影响到个体完整知识体系的建构。

最后，印本阅读娱乐化。传统阅读时代，书籍作为阅读的重要载体，承担着传承经典、保存知识、启迪人心等功能，娱乐功能则较少体现。数字化、网络化、智能化媒介借助于新技术手段突破了信息获取与传播的时空限制，琳琅满目的各种电子书、听书产品、VR 图书、AR 图书等等满足了读者随时随地阅读、体验式阅读、沉浸式阅读的需求。这同时意味着，处于数字化时代的读者，其主体地位相比以往得到空前的提升。然而，在这一过程中，娱乐化的阅读趋势也日益凸显。娱乐化的阅读危机跟阅读时间的碎片化紧密相关。在现代生活的快节奏环境下，人们倾向于利用闲暇的碎片化时间进行阅读，往往仅根据标题来择取感兴趣的阅读内容片段以获取短暂的视觉快感与好奇心理的满足，对于完整性的内容则缺乏必要的耐心难以达到深度阅读体验。诚然，人们这种碎片化的浅阅读在一定程度上解构了阅读的严肃性，使得阅读轻松快捷，但随着阅读的轻松化、随意化，人们对于纸张和文字的敬畏之心也在无形中得到削弱，对于那些内容深刻、篇幅较长的经典作品更是缺乏认真细致的阅读与体会，反而对那些充斥各种趣味信息的网络文学作品、快餐文化更为青睐。为了吸引更多的流量，一些博眼球的“标题党”甚至通过捏造各种不实信息及娱乐花边新闻毫无底线地泛滥开来，从而加剧了数字化时代阅读的泛娱乐化和低俗化发展趋势。

## 三、印本文化的未来存在价值

数字媒介传播衍生的数字化产品虽然在很多方面都体现出了显著的优势，弥合了传统印本的不足。但在未来的发展中，印本文化仍体现出其固有的内在价值，这些都是现代化的数字文化产品所无法比拟的。

### （一）知识权威价值

数字化、网络化、智能化媒介所提供给受众的信息，在数量与种类上都远远超越了以往任何一种媒介的传播效果，但无论是从信息内容的深度还是专业性角度看，却并非占据优势。究其原因主要在于，数字化、网络化、智能化媒介所具有的技术积淀不够。对于大部分传统印本文化产品，其包含的文本信息收集整理、编辑加工、印刷出版等功能都离不开规范性的技术及庞大的、专业性的技术团队支撑。比如，当我们翻阅印本时，看到的不仅仅是文字信息内容本身，而且还有来自专家学者对于信息的注解和诠释，以方便读者对文本信息全面掌握，理解更为深刻。而对于数字化、网络化、智能化媒介产品而言，其虽然借助于数字媒介的优势功能实现了对于文化信息的海量搜集、智能检索与生产等，但在知识的权威性方面远不及传统的印本。正是从这个意义上讲，受众对印本形成了稳固的信任心理，即便是在获取信息高度便捷的数字化时代，对于一些权威性的资料检索与获取，受众还是更多地倾向于通过印本追根溯源，确保获得知识信息的可靠性和准确性。

### （二）实用价值

印本本身具有较强的实用性，这种实用价值是数字媒介产品远不能相比的。印本作为信息传播的物质载体，是真实存在的，是能够被触摸感知的。人们在翻阅中通过触摸可以十分清晰地感知到书籍具有的质感，同时通过与阅读文本信息背后的作者思想交流，可以切身体会到书籍是一个富有感情的知识传播载体。正是因为如此，阅读本身就带有某种程度的文化敬畏，阅读也就成为一种文化活动。人们不仅可以依据自身的阅读习惯对书籍页面作出各种标记以及文字处理等，而且可以在阅读中根据自身对文本的理解进行各种形式的段落注解和心得体会抒发，从而可以让人们很清楚地了解自己或他人的文本阅读经历，使阅读者能够更加深刻地理解与体会印本内容所蕴含的丰富意涵。另外，印本作为一种物质存在，虽然会占用一定的空间，在储存和携带中也带来一定的不便，但却可以实现对书籍内容的重复翻阅和温习。在这种反复品读中，以往的书籍注释可以加深读者对书籍内容的充分消化和理解。数字化、网络化、智能化媒介产品作为一种虚拟性存在，虽然极大地节约了纸张，方便了文化信息储存与传递，在知识学习与传播中体现出极大的便捷性。但与此同时，也在无形中稀释淡化了书籍本身蕴含的油墨书香，消解了书籍所固有的物理特性。于是，当读者在对电子书进行阅读时，传统印本阅读的那种仪式感已然消失殆尽。此外，通过数字化、网络化、智能化媒介获取知识虽然方便，但也存在一定的有限性，更不能像印本那样进行反复的阅读品味。印本的实用性还有很多，这些特点都是数字化网络化、智能化、媒介读物所不能给予读者的，这也是印本在数字化时代存在的无可替代的优势所在。

### （三）审美价值

就信息传播而言，虽然数字化、网络化、智能化出版物与传统印本都具备一定的信息传达功能，但传统印本能传达出数字化、网络化、智能化出版物所不具备的一些特质，其中就包括审美价值。书本作为文字的载体，是历经千百年的发展而逐渐形成的产物，其本身就体现为一种文化意义上的象征。对于不同的民族国家而言，印本具有不同的表现形式。对于不同的历史时期而言，印本形式也体现出相应的不同。这些不同不仅仅是指内容方面的，还包括具体的印刷形式、排版设计等等。这些差异化的形式代表了不同的文化符号，也给读者以美的感受，这些是数字化、网络化、智能化出版物所不具有的。当然，这种美又是多样和丰富的，既包含历史积淀发展的古典之美，也包括现代技术所创造的科技之美，这些不同形式的美都是印本设计者所希望传达给读者的。因此，印本的审美价值是其所具有的独特价值，也是区别于数字化、网络化、智能化出版物的重要特征。

### （四）社会价值

从社会功能角度而言，印本的社会功能可划分为两类：文化传递功能与社会附属作用。作为一种传播介质，印本的文化传递功能不言而喻。当然，仅从这一点来看，印本与数字化、网络化、智能化出版物的区别也不大，不同的只是形式而已。然而，就社会附属作用而言，印本与数字化、网络化、智能化出版物的区别就非常显著了，这也是印本所独具有的价值所在。从出版发行流程来看，印本从内容生产、印刷到发行需经历诸多流程和环节，在这一过程中就会创造许多新的岗位需求，这就无形中带动了社会生产力的发展，从而促进社会的进步。而对于数字化、网络化、智能化出版物而言，其成本固然低，但也减少、简化了传统出版专业化的生产流程。相应地，其所创造的社会附属生产力也随之减少。可见，传统印本对于社会的附加价值是其区别于数字化、网络化、智能化出版物价值的重要体现。

### （五）艺术价值

数字化时代，传统印本与数字化、网络化、智能化出版物并存。在这样一个新的时代乃至未来一段历史时期内，印本自身的文化特质决定了其还具有除了工具价值之外的艺术价值。换言之，印本不仅是作为读物性的实体存在，还是艺术品甚至是奢侈品。如今，我们可以看到，很多印本的包装设计越来越趋向精美化。正因如此，在市场上许多印本甚至已经可以和一些奢侈品的价格相媲美。其多元化的装帧形式和造型设计，使得印本更加呈现出多样性。正是因为如此，许多人把印本作为一种装饰品用来装潢特定的空间，或者是作为精美礼品赠送予人。因此，在现代社会，互赠图书正在越发成为一种社交流行趋势，印本在人际交往中正凸显越来越重要的作用。今天，随着人们对美好生活的需要越来越高，印本的艺术价值还显现在其他方面。在很多人看来，印本不仅可以用来阅读消遣，更是个体文化身份与修养、文学素质的象征与体现。可见，印本的这些艺术价值，是数字化、网络化、智能化出版物所欠缺的。

### （六）保存价值

在书的保存与收藏方面，印本占有很明显的优势。这是因为，纸张本身具有良好的稳定性，更易于保存下来。一般来说，在合适的条件下，印本的保存期限能够长达数百年。而如果采用质量比较高的纸张印制而成，如宣纸等碱性纸张，那么印本可保存的期限更高，甚至可以保存千年之上。因此，印本具有较强的生命力，体现出重要的保存价值。在漫长的历史发展中，人类的文明史能够得到延续发展，在很大程度上得益于无数的印本完整保存下来。可见，印本在人们的生产生活和人类社会历史发展中所起到的作用是巨大和深远的。可以说，如果没有记录历史印记的印本，人类的文化也必将随之割断和消失，那么历史也就无从谈起，文明更是丢掉源头。一言以蔽之，传统的印本承载着悠久的历史文化、古老的文明传统和浓烈的人文情怀。在人类文明发展的历史长河中，印刷文本是文明成就的标记，是历史延续的有效载体。古代成语“彪炳史册”正体现了这一点。南宋文天祥写下“人生自古谁无死，留取丹心照汗青”，也深刻体现了万古不朽的“留名”观念。虽然，现在很多网络电子书可以实现与传统印本的同步同存，但对于部分存量稀少的书籍而言，却很难在网络中找到对应的内容，往往只能通过传统印本的保留去还原一段历史。

## 四、融合中的共生：印本文化的持续影响力

伴随印刷媒介的变迁，印本文化无论是在内容生产还是信息传播方面都发生了显著变化。然而，印本文化的特有价值依然在人类社会的发展中彰显独特魅力。可以预见，在未来，基于纸本媒介的印本文化与基于数字化、网络化、智能化媒介的数字出版文化将呈现相辅相成的合作共赢关系。

首先，从历史传承上看，文字是人类文明的基础和源头，先有印刷的纸本书，后才有电子书，印本文化是数字出版文化产生

的基础。以印刷术为基础的印本的出现与传播极大地推动了人类文明的发展进程，并为世界文化的交流与融合做出了重要贡献。可以说，印刷术是人类文明之母，凝聚着人类知识精华的印本为社会文明的发展厚植了文化根基。麦克卢汉曾从“媒介是人的延伸”的角度分析了印刷术在人类历史发展中曾经发挥过的巨大影响力：“它塑造和改造了人的整个环境——心理的和社会的环境。”[①] 印本文化是数字出版文化生成的基础，如果脱离印本文化，数字出版文化将无从谈起。

其次，从影响力上看，数字媒介的发展浪潮虽然使印本文化的影响力受到一定程度的削弱，但依然没有彻底颠覆、替代印刷媒介。纵观如今盛行的电子图书、数字报纸等，可以看到其依然是以文字性内容为主体。因此，建立在印刷媒介以及文字基础之上的印本仍有其不可替代的社会功能。麦克卢汉曾认为：“书籍……早已失去了信息渠道的垄断地位。然而，作为捕捉思想和语言让人们学习的手段，它永远不会失去用途。”[②] 的确，在人类社会进程中，书籍及其所依赖的符号——文字，一直被视为人类文明赖以传承与发展的基石，其不仅仅是“作为捕捉思想和语言让人们学习的手段”，而且早已内化为我们的思维。就此而论，我们还必须承认文字及印刷媒介在社会文化系统中的所具有的内在生命力。

---

① ［加］埃里克·麦克卢汉，弗兰克·秦格龙．麦克卢汉精粹［M］．何道宽，译．南京：南京大学出版社，2000：368.

② 魏超，曹志平．数字传播论要［M］．北京：知识产权出版社，2013：64.

最后，从受众心理上看，读者对印本依然抱有特殊的情感。今天，即便是数字化、网络化、智能化媒介处于高度发展阶段，但我们无法否认的是人类仍处于一个数字出版文化开端的历史阶段。社会中的大部分人成长于一个识文断字的文化环境，对于印刷书籍仍保持特定的偏爱，“读写能力”也依旧是对人们文化能力最基本的要求。李欧梵曾提到：“文本有其物质基础——书本，而书本是一种印刷品，是和印刷文化联成一气的，不应该把个别‘文本’从书本和印刷文化中抽离，否则无法观其全貌。”[①] 哈罗德·布鲁姆也曾毫不掩饰地表达过其对于书籍的这种迷恋与热爱，“正是对这些名篇佳作的极端喜好才激起我对如今屏幕上的东西即电子书籍之类不屑一顾。我喜欢那些向往已久的书籍的纸张、外观、重量、手感、印刷，甚至是空白书页……”[②] 这些观点都在某种程度上强调了印本与“读写能力”的重要性，以及人们对于印本的偏爱。同时，建立在这种“读写能力”基础上的印本阅读与数字化的屏幕阅读有着很大的不同，主要体现在身体行为与心理行为方面。对于两种形式的阅读而言，其所要求的阅读环境也各不相同。此外，印本阅读能够有效克服数字阅读固有的轻视思考而注重浏览的内在缺陷，因而可以培养训练读者良好的阅读方式与思考习惯。从这个角度而言，人们的阅读心理与阅读行为习惯都不仅尚未完全转变，而且需要进行文本阅读，印本文化还有其存

---

① 蔡翔，张旭东．当代文学六十年回望与反思［M］．上海：上海大学出版社，2011：116.

② 王健．数字化语境下的阅读文化变迁［J］．长春：北方传媒研究，2018（4）：62.

在、发展与提升的空间。

综上，从历史与现实的角度来看，印刷媒介及其承载的印本文化仍然在社会发展中发挥重要的推动作用。从媒介的发展变迁历程来看，所有媒介都有其独特的功能亦有其相应的不足，媒介的整体发展趋势是在各种媒介相互依存中实现共同演化的。应当看到，新媒介并不是要取代旧媒介，而是根据人的需求互为补充、互相融合。即便是在大众传播领域竞争日益激烈且快速迭代的数字时代，旧媒体并未因此退出历史舞台，而是在发展中进行积极变革与调整。换言之，优势媒介与旧媒介形成共存格局，不论何种媒介，都会在互联网中拥有一席之地，这一点纵观媒介的发展变迁史可以得到确认。新旧媒介的互补配合将推动数字时代文化信息得到更为高效的传播，从而既可以避免数字化、网络化、智能化媒介对传统印刷媒介的冲击，又能彰显数字化、网络化、智能化媒介在信息传播方面的显著优势。比如，印本与数字出版物二者并存弥合，可以增进阅读内容的丰富性、阅读方式的灵活性以及阅读渠道的多样性，进而实现沉浸式阅读。随着人们文化认知的不断提高，将会有更多的人认识到印本的特性与价值，其历史文化价值与社会功能始终是其他形式的文化产品所无法代替的。因此，印本与数字阅读版本将会长期共存，并发挥各自的优点，服务面向不同的读者群体，在相互补充中为推动人类文明发展做出积极贡献。

在可预见的未来，印刷媒介与数字传媒将进一步在融合中实现相互补充，在功能方面相辅相成，在结合中凸显巨大魅力，印本文化也因此焕发新的生机而历久弥新。总而言之，媒介融合已然发展成为一种势不可挡的趋势。在新的时代背景下，我们应当对传统的印刷媒介与印本文化进行不断反思，并在融合中善于把握机遇，直面困难和挑战，化被动为主动，争取抓住新技术革命的机遇推动传统印刷媒介做出积极变革与应对，促进印本文化在新的媒介语境下获得新发展。当下，在媒介融合进程中，这种融合意识以及媒介发展的态势已经显见出来。一条新的印本文化发展之路，正在悄然开启。

那么，如何才能实现二者之间的有效结合呢？一方面，对于数字化、网络化、智能化媒介而言，应吸收借鉴传统印刷媒介的优势，借助传统印刷媒介较为成熟的信息采编系统，优化内容，扩大文化传播辐射面。另一方面，对于传统印刷媒介而言，应当进行正确的功能定位，瞄准自身的发展优势，精准定位目标人群，打造具有鲜明特色的文化产品。同时，善于借鉴数字化、网络化、智能化媒介的优势，不断赋能传播范式变革创新。总之，在新的媒介环境下，如何实现新媒介与旧媒介的矛盾冲突，厘清各自的优势与不足，并立足特有的优势功能合理划定相应的目标人群，是实现二者有效结合的题中应有之义。当然，也唯有如此，才能实现印刷媒介与数字化、网络化、智能化媒介的和谐共生，让印本文化在数字时代发挥内在的价值优势，推动中国特色社会主义文化的大发展大繁荣，以更好地满足人民群众日益增长的文化需要。

# 第八章
# 智能时代印本文化的创新发展

印本文化源远流长，博大精深，承载了中华民族深厚的历史记忆。作为社会主义先进文化、革命文化和中华优秀传统文化的重要组成，印本文化是人类文明思想宝库的绚丽瑰宝。纵观历史，印本文化始终坚持服务社会发展的价值导向，有力地推动了人类社会的进步。如今，人们对美好生活的需要比以往任何时候都更为凸显，印本文化在推动人们追求美好生活进程中依然扮演重要角色。党的二十大报告指出，不断提升国家文化软实力和中华文化影响力。传承与发展印本文化，是建设社会主义文化强国的必然要求，是推动构建人类文明新形态的应然选择。习近平总书记指出，人工智能是引领新一轮科技革命和产业变革的重要驱动力，

---

本章作者 杨利利　北京印刷学院马克思主义学院讲师

正深刻改变着人们的生产、生活、学习方式，推动人类社会迎来人机协同、跨界融合、共创分享的智能时代。[①] 如何借助人工智能等新型数字手段推动印本文化在传播中实现创造性转化和创新性发展是印本文化面临的重要时代课题。随着人工智能技术在文化产业发展中不断释放新的动能，人工智能在推进印本文化新型传播方面也应当有所作为。这不仅源于人工智能技术本身的创新性发展，也源于新时代印本文化发展的内在诉求。在新的技术条件下，印本文化在传播中呈现出新样态，也呈现出新的发展趋势。为此，应当抓住新时代智能技术赋能优势，探索印本文化传播的新路径，以推动印本文化获得创新性发展和创造性转化。

## 一、人工智能的内涵阐释

当下，随着科学技术的不断发展，以人工智能为核心驱动的第四次科技革命和产业变革方兴未艾，并深刻影响到社会生产和生活的方方面面，人类步入了智能时代。人工智能的迅猛发展与社会生活的介入，引发了人们生产方式、生活方式与思维方式的深刻变革。2017 年 7 月，国务院发布了《新一代人工智能发展规划》，明确了人工智能进入新阶段，将人工智能定位为国际竞争的新焦点、经济发展的新引擎和社会建设的新机遇。那么，究竟何

① 习近平向国际人工智能与教育大会致贺信［EB/OL］.（2019-05-16）［2023-01-17］https：//politics.gmw.cn/2019-05/16/content_32839179.htm.

为人工智能呢？所谓人工智能，其实是相对于自然智能而言的，是在对人类思维过程模拟中形成的一种“类人”智能，即通过计算机模拟人脑的感知、学习、推理、对策、决策、预测、联想等智能行为，用于辅助决策等，[①]其核心技术支撑在于算力、算法及数据挖掘。事实上，人工智能并非作为一个新概念而出现，自20世纪中期诞生以来，至今大致经历了三次大的技术浪潮，并形成了具有代表性的符号主义、连接主义和行为主义三大研究流派。符号主义强调以符号表达方式研究智能和推理，如早期的图灵机，就是将运算过程抽象化并用机器来代替人类进行数学运算。连接主义注重依托知识系统的构建来实现机器的智能化，主要聚焦的研究领域包括语音识别和翻译、专家系统、神经网络等。行为主义推崇机器的深度学习、大数据计算、自适应等。

可以看到，在移动互联网、大数据、超级计算、传感网、脑科学等新理论、新技术驱动下，人工智能呈现深度学习、跨界融合、人机协同、群智开放、自主操控等新特征，正在对经济发展、社会进步、全球治理等方面产生重大而深远的影响，并日渐在医疗卫生、教育、传媒、交通、社会保障等领域得到广泛应用。2019年8月，科技部、中央宣传部、中央网信办、财政部、文化和旅游部、广播电视总局共同制定了《关于促进文化和科技深度融合的指导意见》，其中提出利用人工智能等新技术对文化产业进行全方位、全链条改造，推动文化数字化成果走向网络化、智能

---

① 中国科学技术协会. 前沿科技热点解读［M］. 北京：中国科学技术出版社，2021：96.

化，推动人工智能技术在文化领域的深度应用和创新发展。2020年11月，文化和旅游部颁布了《关于推动数字文化产业高质量发展的意见》，其中明确支持人工智能等在文化产业领域的集成应用和创新，完善文化产业领域人工智能应用所需基础数据、计算能力和模型算法，推动传统文化基础设施转型升级。在这些政策文件中，可以看到人工智能给包括文化行业发展带来的重要机遇。其重塑了当前社会主义文化传播的格局，对于印本文化的传播也产生了重要影响。人工智能成为印本文化创新发展的新增力量，是印本文化创新发展开启新篇章的硬核技术支撑力量。因此，对于承载着中华印刷文明、体现中华优秀传统文化的印本文化而言，为实现新时代的有效传播，必然要抓好人工智能带来的关键机遇期，在技术赋能中实现传承和创新发展。

## 二、智能时代印本文化创新发展的新形态

人工智能向印刷出版领域的介入融合，重塑了印本内容的生产方式，带来了全新的阅读体验，催生了新的印本文化传播业态，使印本文化在创新发展中呈现出多样态特征。

### （一）写稿机器人——印本内容生产中的人机协作

传统印本文化在本质上属于精英文化，因为无论是从传播媒

介的角度还是生产者角度而言，其都体现出精英化的属性特点。从传播媒介来看，早期书籍作为印本文化传播的主要媒介，却只能掌握在具有阅读能力的少数知识分子手中。从生产者角度而言，只有具有一定文化水平的人才能参与到知识的生产过程中进行印本文化内容的生产与传播，对于普通大众则无法被赋予这样一种权利。因此，传统印本文化的生产实践活动往往掌握在特定的精英群体手中。布尔迪厄认为："随着专门化的文化生产者团体的出现，也出现了与之并行的一个文化领域，在这个领域中，符号商品的生产、流通与消费变得越来越独立于经济、政治、宗教。"[①] 也就是说，建立在这种专门知识生产基础上的印本文化代表了精英群体的价值诉求，并由此汇聚而成相对独立的文化空间。人工智能的发展，催生了具有"类人"智能的写稿机器人，消解了印本文化内容生产的"唯主体"属性，这使得少数的精英群体不再是印本内容生产的唯一主体，机器逐渐被赋予了具有创作属性的主体人格。

机器人写稿首先离不开大数据的技术支撑。据估计，当前全球存储的数据总量以上万艾字节测量（1 艾字节 =10 亿千兆字节），而且仍在加速增长，大约每 3 年实现一次倍增。[②] 面对存储格式不同的庞大数据，传统的数据处理软件早已不再能够应对，借助于大数据的技术加持，海量数据得以被规模化地处理，并为写稿机

① ［美］戴维 . 斯沃茨 . 文化与权力——布尔迪厄的社会学［M］. 陶东风，译 . 上海：上海译文出版社，2006：257-258.

② "鹅毛笔". 新闻杀手［N］，北京：国际金融报，2015-12-14（5）.

器人的运作提供了结构化的信息网络。从其运行逻辑来看，写稿机器人借助于庞大的数据支撑以及机器深度学习和数据运算能力，通过数据提取、自动分类、筛选凝练等环节，将作为创作素材的海量作品转化为机器可识别的数据导入人工智能系统中，形成庞大的内容库供机器学习使用。同时，结合大数据系统中存储的各类知识信息，实现了对创作素材的整合处理和加工利用，经过对算法的设计、验证和测试，使计算机自主生成在外观上与人类创作具有同样独创性的作品。[①] 从创作形式来看，写稿机器人不仅可以通过与人类合作进行作品创作，还可以独立完成不同形式的作品。比如，在文艺作品内容创作方面，2017 年 5 月，由微软小冰创作的《阳光失了玻璃窗》，被称为“人类史上首部人工智能灵思诗集”。2017 年，清华大学语音与语言实验中心（CSLT）宣布，写诗机器人“薇薇”通过了“图灵测试”，其创作的诗歌令专家无法分辨。2018 年，小说《1 the Road》的问世与出版标志着世界上第一本由 AI 写作的小说诞生。可以预测，随着智能技术的改进升级，未来印本作品的创作主体将更加模糊人与机器的身份界限。

不仅是文艺作品创作，近年来写稿机器人在其他领域的写作也开始得到应用。在国外，2014 年 3 月《洛杉矶时报》启用了 Quakebot 写稿机器人，主要生产地震预报领域的新闻内容。7 月，美联社开始使用“作家”人工智能平台 Wordsmith 生产体育、财经类的内容。2016 年，华盛顿邮报采用 Heliograf 进行体育方面的内

---

① ［日］日经大数据．深度学习的商业化应用［M］．王星星，译．武汉：华中科技大学出版社，2018：4-24.

容生产。在国内，2015 年 9 月，腾讯发布了《8 月 CPI 同比上涨 2.0% 创 12 个月新高》，这是首篇由机器人——Dreamwriter 撰写的新闻稿，由此开启了国内机器人撰写新闻的先河。此后，多家媒体相继引入了智能写稿机器人，如新华社的“快笔小新”，第一财经的“DT 稿王”，今日头条的“张小明”,《人民日报》的“小融”、南方都市报的“小南”、《光明日报》的“小明”、封面新闻的“小封”、浙江卫视的“小聪”等。

### （二）VR、AR：印本阅读的“沉浸”体验与智能“交互”

麦克卢汉认为，印刷媒介强调的是视觉，因此，它影响了我们的思考，使思维变成线性的、连续的、规则的、重复的和逻辑的。[①] 在传统的印本文化传播中，眼睛的功能只是局限在生理层面上的发挥。换言之，其仅仅作为一种感觉器官，无法发挥其在理解事物中的特有作用，只能实现完成鉴别事物的单一功能。而在智能技术的赋能下，特定的故事情景可以被模拟，实现现实场景的再现，从而刺激感觉器官的功能延展，促进视听等表象化感知与知觉思维的理性化理解相互贯通，增进受众对印本文化的体验与感知。从技术层面来看，VR 与 AR 是增进体验认知的重要技术形态，其在印本文化传播领域的应用，强化了受众感知信息的新型体验，助推了印本文化的场景化传播。如将 VR、AR 技术与各

---

① Marshall McLuhan.*Understanding Media*［M］. Cambridge：*The MIT Press*, 1994：170.

类图书相结合，以增进读者的交互性、立体式阅读体验，从而实现技术赋能印本文化传播。譬如，北京理工大学出版社将 AR 和 VR 技术积极融入图书，2019 年，在出版的《小小太空图书馆》系列图书中，就实现了 AR 技术的充分运用，增进了与科普创作的结合，从而达到了“视听说触想”的统一。[①]

所谓增强现实（Augmented Reality，简称“AR”）技术，是一种将真实世界信息和虚拟世界信息“无缝”集成的新技术，是把原本在现实世界一定时间空间范围内很难体验到的实体信息（如人的视觉信息、声音、味道、触觉等）通过计算机技术模拟仿真后再叠加，将虚拟的信息应用到真实世界，被人类感官所感知，从而达到超越现实的感官体验。[②] AR 技术汇集了集成信息、互联互动、虚实结合、三维呈现等特点，可以通过通信技术、仿真技术、计算机信息处理等技术，实现真实环境与虚拟现实的交相叠加，促进现实世界感知弱化或不易被感知的实体信息不断进行模拟，以此强化受众的多重感知体验。2019 年 7 月，国家新闻出版署批准发布了新闻出版行业标准《出版物 AR 技术应用规范》，推动了 AR 技术在印刷出版行业的标准化应用规范，助推 AR 技术与传统印刷出版的深度融合，并催生了一大批 AR 图书的出版，如专业出版、AR 类教育出版产品、大众出版等。其中，科普类的 AR

---

① 张海丽 . 数字时代学术图书出版的思考［J］. 南京：出版广角，2020（10）：57-59.

② 郭建璞，等 . 多媒体技术应用：基于创新创业能力培养［M］. 北京：中国铁道出版社，2019：319.

产品是出版企业率先探索的应用领域成果，如科学出版社的《科普院士卡》、中信出版社《科学跑出来》系列图书、中国少年儿童新闻出版总社的《安全大百科》等等。总之，AR 技术的运用实现了传统的纸媒与数字化内容的有效融合，拓展了传统纸媒的信息承载边界，并辅之以音视频等听视觉符号，丰富内容的呈现形式，提升受众的阅读体验。目前，这一技术应用场景在很多重大场合都得到体现，譬如 2018 年新华社首次采用 AR 技术报道全国两会，用户通过客户端内的 AR 功能扫描身份证，以立体化的方式阅读政府工作报告。[①]

虚拟现实（Virtual Reality，简称“VR”）以模拟的方式为用户创造一种虚拟的环境，通过视、听、触等感知行为使用户产生一种沉浸于虚拟环境中的感觉，并能与虚拟环境相互作用，从而引起虚拟环境的实时变化。[②] 从技术特征与运作机理来看，VR 的主要特点在于主观体验性强、给予主体的想象空间大，在这一技术的推动下可以实现虚拟环境与真实世界在同一空间的再现与交互叠加。在 VR 技术的支持下，用户在阅读中能够通过第一人称身份对印本内容中的描述情境进行主观化的切身体验，并在由技术驱动所创造的虚拟场景之中，综合利用感官模拟以及认知逻辑获得的感性与理性的双重沉浸性体验。国内最早尝试将 VR 与印刷出版相结合的探索是 2015 年电子工业出版社出版的《梵高地图》。

① 李星跃 .2018 年两会融媒体新技术应用与内容创新［J］. 济南：青年记者，2018（12）：11-12.

② 郭莲莲 . 园林规划与设计运用［M］. 长春：吉林美术出版社，2019：79.

此后，一大批 VR 技术支持下的印本读物相继出版，如《恐龙世界大冒险》《探索北极》《徐霞客游记 VR 版》等等。读者在阅读过程中可以听音乐、听讲话、看视频，甚至能够参与到图书编辑之中。未来，元宇宙将进一步整合 AR、VR、智能人机交互等技术，加速推动图书的可视化及交互体验进程，更加丰富图书呈现形式。

### （三）云展览和线上阅览——印本文化传播的数字化转型

大数据是人工智能发展的基石，海量数据是人工智能实现智能运作的基础。在国务院发布的《新一代人工智能发展规划》中，涉及大数据就有 24 处。可见，大数据为人工智能的发展提供了强大的数据基础和技术支撑。借助于大数据赋能以及虚拟技术手段，图书馆、书店、博物馆等在智能时代也探索实现数字化转型，主要通过云展览和线上阅览的形式，将大量的图书文本资源以数据的形式储存下来，并向读者开放，从而推动了印本文化的高效传播。云展览将大量的文本数据信息汇集到云端，通过形式多样的手段使印本内容得以立体化地虚拟展示。读者可以根据自身的阅读爱好有针对性地选取感兴趣和需要的文本数据资源，并可以通过图画、视频、音频等多种形式参与进来，从而对图书文本的外观、内容等形成全方位的了解。

线上阅读推广服务模式则依托智能技术实现与时俱进，从而能够更契合不同读者的阅读习惯，因此体现出巨大的发展潜力。当下，较为流行的一些数字阅读平台，包括微信读书、QQ 阅读、阅文、得到、掌阅等。读者足不出户就可以对大量的书籍进行智能"阅读""阅听""阅览"等等，尽情地遨游在知识的海洋中，沉浸性地享受文化盛宴。例如，2020 南国书香节线上书展依托"南国书香节"小程序，举办主题图书云展示、精品图书云展销、畅销书云推荐、全民阅读成果云回顾、"小康生活·健康同行"云讲座、"阅读空间"云打卡、"大众读物类图书"云带货、店长带你云上逛书店等活动，形成线上云书展的矩阵。[①] 无论是云展览还是线上阅读都有效解决了线下实体书店、图书馆、博物馆的人流量大而拥挤、资源共享有限等诸多现实难题，同时也极大地节约了时间和成本，给读者带来全新的体验。

## 三、智能时代印本文化创新发展的路径

智能时代推动印本文化创新发展，需要做好印本文化的有效传承和保存，大力推动印本文化的广泛传播。为此，应依托人工智能的技术赋能优势，深入挖掘印本文化蕴含的价值内涵，推动传统印刷技艺的弘扬，探索适应受众需求的分众传播策略。

---

① 南国书香节开启线上办展模式 依托小程序形成云矩阵［EB/OL］.（2020-08-28）［2023-01-16］https：//www.chinaxwcb.com/info/565537.

### （一）挖掘价值内涵，推动印本文化的时代传承

人工智能技术的发展为印本文化的传播建构了新的传播图景，从根本上推动了印本文化的创新发展。但人工智能只是作为一种思维、一种手段工具，助力文化价值内核以新的形式呈现，文化内容是决定文化影响力的核心。换言之，技术可以丰富文化的表现方式、增进人们对于信息的接受理解，但并不能影响内容本身的思想性、价值性。印本文化的传承与发展，从根本上还是取决于其内容本身的价值性。因此，在智能技术迅猛发展的现实语境下，印本文化价值增量的提升仍是其实现传承发展的必由之路，也是其获得时代新生的内生动力所在。党的二十大报告指出，“繁荣发展文化事业和文化产业。坚持以人民为中心的创作导向，推出更多增强人民精神力量的优秀作品”[①]。在坚持“内容为王”的基础上，如何利用智能技术充分挖掘、提升印本文化本身蕴含的价值，是智能技术赋能印本文化时代传承的关键所在。

第一，依托智能技术赋能印本文化内容的创造性提升。智能技术要与印本内容深度融合，实现数字化、智能化的内容挖掘。一方面，借助大数据、云计算等技术从海量数据库中抓取大量信息并进行数据信息的聚合分类、关联重组，在对印本文化数据标签化的基础上确定分类标准，如依据印本的主题内容、产生年代、语言类型、作者类别、生产版本等进行一定的分类建设，形成各

① 《党的二十大报告辅导读本》编写组．党的二十大报告辅导读本［M］．北京：人民出版社，2022：407.

个类别的数据库。另一方面，借助大数据智能，对读者诸如文化水平、年龄层次、地域年龄等一般信息的掌握，也可以对读者阅读数据进行分析研判，其中既包括阅读内容、阅读时长、图书消费记录等数据的追溯、整合，也包括对信息转载、评论、留言等交互数据的加工处理，以此来推测读者的阅读偏好和行为逻辑，实现对用户“画像”的精准刻画。对受众的兴趣偏好、价值取向进行准确定位，并有效把握与预测受众的行动逻辑，从而实现对印本内容选题、印本阅读体验、效果监测等印刷出版流程的重塑，形成印本文化内容的智能化生产与编辑。同时，依托自然语言识别、图像识别、语音识别、神经网络算法及人机交互等技术从制作方向、内容挖掘、内容增值等方面对印本文化内容进行升级改造，推动数据的裂变增值，实现多元文化内容的整合，进而创造出更多富有价值意义的信息内容与新型印本文化产品，满足人民群众日益增强的精神文化需要。

第二，依托智能技术赋能推动印本创意文化产品的开发。文化创意产品的输出是传统印本文化得以传播的重要方式。近年来，面向不同受众、包装精美的图书在市场上备受青睐，极大地激发了各类人群的阅读兴趣，但是也存在一些过于注重外在包装形式、轻视内在内容提升的表象化问题。因此，对于印本创意文化产品，应通过算法与创意相结合的方式，注重产品内在质量的提升，使文化产品能够满足更多受众的期待和需求。为此，应当利用好大数据智能分析与智能推荐的功能优势，摸清受众的文化需求，满足多元群体的个性化、定制化需要，从内容与形式结合层面着手打造新的图书产品形态，形成相应的文化品牌。

### （二）弘扬传统印刷技艺，做好印本文化的有效保存

传统印刷技艺是印刷文本生成的基础，也是承载印本文化的重要载体。历史地看，印本制作方式历经了雕版印刷、活字印刷、机械印刷再到电子印刷、数字印刷的演化发展。从传统印刷技艺的存在形态来看，大多以非物质性形式存在，并面临挖掘困难、传承保护难度大以及宣传效果不佳等现实难题。智能技术与印本文化的融合，为破除传统印刷技术传承中的现实难题提供了有利契机。首先，进行数据的采集与数据库建设。深入挖掘传统印刷技艺数据信息，依托人工智能强大的储存空间建立数据信息站、拓展数据空间、丰富数据库等，为传统印刷技艺的传承发展夯实坚实的数据保障。数据采集是大数据应用的资源起点。利用技术手段多源头采集传统印刷技艺数据，构建数据库系统。同时，借助于数字影像技术对传统印刷技艺的操作过程进行全程、全景实录，通过数字化的形式保存印本文化的内核。智能技术的介入与创新性应用，能将当前的传统工艺以 3D 成像的方式进行记录，用现代的形式呈现和传承非物质文化遗产。[①] 当前，一些地方档案馆已经在这方面有所尝试，主要通过运用专业扫描仪对各种信息进行数字化处理，以推动各类档案信息管理与保护的数字化发展。

---

① 解学芳，张佳琪．技术赋能：新文创产业数字化与智能化变革［J］．南京：出版广角，2019（12）：9–13.

如今高校数字档案馆、企业数字档案馆、公共数字档案馆、家庭数字档案馆建设已初见成效，对于这些丰富的实践经验应当充分吸收借鉴。

其次，实现数据加工处理。运用大数据、云计算等技术，对采集到的海量数据进一步进行清洗、加工、挖掘、转化和标引。其中，数据标引是大数据技术应用的基础，是指对数据资源进行结构属性、内容特征等方面的标签化加工与处理。譬如，在缺损的雕版修复过程中采用3D数字雕刻技术进行立体建模，利用高清数字3D扫描技术准确便利地获得雕版宋字体的数据与特征，使“非遗”数据库内的数据能够进行计算对比，从而使不同时期雕版印刷的各种隐藏信息数据在大众面前得以清晰而全面地展示。① 最后，依托大数据深度挖掘整合文化资源，发掘传统印刷技艺的内在价值与文化潜力，通过数字文化历史表述的方式将这些数据与数字展示环境的叙述特征相结合，辅之以高效的搜索和检索功能、支持访客口译、增强现实和机器人技术，实现非遗展示效果的个性化输出，② 推动传统印刷技艺的有效弘扬与传承，从而实现对印本文化的有效保存。

---

① 王克祥，董端阳．江苏雕版印刷技艺的数字化保护策略［J］．长沙：艺海，2019（12）：147-149.

② 贾菁．人工智能背景下非物质文化遗产数字化传播的进阶路向［J］．乌鲁木齐：当代传播，2020（1）：98-101.

### （三）推进分众宣传，实现印本文化的大众传播

智能时代，由于信息传播的精准性，基于趣缘基础上的群落日益普遍，这反过来又进一步影响了群体的分化形成。基于此，在推动印本文化的创新传播中，应利用技术赋能优势深入推进分众宣传。事实上，分众是“大众化”的一种策略，是大众化目的达成的具体手段。从其实践要求来看，分众强调在大众化的共性中区分差异性，瞄准个性化。同时，分众的现实语境中又内含了聚众的要求，旨在从差异中把握共同性，进而通过聚众的方式建立新的同类群体。而大众作为一个整体性的代名词，本身包含了基于不同属性划分而成的各类细分群体，这些群体之间体现为特殊而明显的群体行为分化、心理差异、需求各异和爱好偏差等特征。因此，从广义上来说，大众包含了精细化的诸多分众在内，是分众的聚集融合。分众从属于大众的一般组成。在具体的实践层面，分众化是实现大众化的手段，通过分众助益于增进对不同群体共性特质的探究和整体观照，进而在主体性提升中形成大众化的合力。因此，大众化是实施分众化的目标，二者关系体现为手段与目的的辩证统一。分众宣传的传播理念，体现了真正以受众为中心。习近平总书记指出“宣传思想工作是做人的工作的，人在哪儿重点就应该在哪儿”[①]。在文化传播中，人既是文化传输的靶向目标，也是传播内容、方法手段等其他要素建构与运用的参

---

① 中共中央文献研究室．习近平关于全面深化改革论述摘编［M］．北京：中央文献出版社，2014：83.

考系。而作为中心旨向的人又具有异质性特征，因而在推动印本文化传播中应当找准受众的差异性，并进行合理的群体划分，以此进行分众化的传播策略。

首先，促进媒体深度融合，增强用户媒介黏性。用户黏性体现了用户对媒介的依赖性以及未来接受期待值，其在客观上反映了媒介对于受众需求的满足程度。对于媒介而言，只有从根本上给予受众更具意义的用户体验，才能增强媒体与受众间的黏度以及传播的精准性。从技术的发展变迁来看，印本文化的传播媒介经历了由大众媒体到融媒体再到智能媒体的媒介形态变革。媒体的跃迁式发展与多形态存在，与受众的分众化趋势相呼应，其相互间的深度融合，助益于推动网络数据资源的聚合、协同及分级处理，实现多层级、全方位的重聚与整合，形成极具特色化、富有针对性的文化信息，以切中不同目标人群的内在需求。因此，在传播媒体日益丰富的智能时代，如何通过媒体的深度融合以有效整合数据资源、做好数据挖掘和利用，是增进媒体与用户黏性的关键。习近平总书记指出："必须紧跟时代，大胆运用新技术、新机制、新模式，加快融合发展步伐，实现宣传效果的最大化和最优化。"[①] 为此，应依托人工智能作为技术支撑，搭建数据共享平台，推动媒体间的联动互补，实现各媒体数据的充分整合汇聚与分类，强化媒体间数字信息的网格式管理，促进数据资源的相

① 习近平主持中共中央政治局第十二次集体学习并发表重要讲话［EB/OL］.(2019-01-25)［2023-01-16］. http：//www.xinhuanet.com/photo/201901/25/c_1124044810.htm?ivk_sa=1023345p.

融相通。在此基础上，对各类数据进行结构化处理及科学标签，构建“中央厨房”式大数据库，形成可供支配的数据中心。各媒体在经数据整合后，可在对各类目标人群特点把握的基础上更具针对性地提取相关数据信息，做到定制生产、多方供给、智能匹配与精准输送。

其次，增进印本文化的精准对接与传播，以有效满足受众的需求。充分发挥人工智能在数据收集、整合、分析以及算法推荐等方面的优势，了解不同受众的差异化、个性化需求，密切文化内容与受众的链接，从而实现文化传播的精准供给与推送。其中，既包括完善线下传播服务，也包括利用人工智能拓展印本文化传播的新业态，推动线上服务系统的建立，以满足大众个性化、多样化的需求。为此，应进一步推动国家版本馆、全国各地图书馆、博物馆等大力开展各类线上展馆展览，通过多种形式提升印本文化传播的创新性。需要注意的是，在提供线上服务的同时，应根据受众差异注重内容的侧重点和呈现方式的不同。例如，面向青少年群体，提供 360º 全景式、沉浸式体验；针对文化学者，提供视频讲解和讲座直播；针对碎片化信息青睐者，提供分段打开短视频服务等。总而言之，通过分众化的服务供给，提升各类受众的线上体验，满足其价值期待和文化需求，从而推动印本文化在分众传播中提升大众化传播的效能。

印本文化是印刷文明的重要体现，其在印刷技术的推动下，形成了体现技术特征和时代特色的丰富文化内涵，并在不同的历史时期为推动社会实践发展发挥了积极作用。今天，在满足人们对美好生活的需要方面，印本文化依然发挥着重要作用。这正是印本文化当代价值的鲜明体现，也是传播印本文化的价值旨趣。而一种文化的现实意义不仅取决于其内在的价值意蕴，更在于如何推动其蕴含价值的深度开发和创新发展，以发挥其对当下社会的指导意义。如何以社会主义核心价值观为导向，充分利用人工智能技术实现印刷文化的创造性转化与创新性发展，以及如何对印本文化潜隐的、尚未发掘的或是束之高阁的内在价值进行价值聚合与实现，是推动印本文化高质量高效度传播的必然要求。如今，人工智能技术正在加速融入文化产业领域，新的技术大门已经打开，在推动印本文化传播的过程中应抓住这一重要的历史战略机遇期，为印本文化插上人工智能的翅膀，借助人工智能的技术优势推动印本文化价值意蕴的更多释放，增进内容供给的丰富性与趣味性，使之不断满足人民群众日益增长的美好生活的文化维度需要。

# 第九章
# 版权视域下的印本文化

印刷有版，版上生权。“版”与“权”合而为一，构成了今天我们耳熟能详的“版权”。它是一个合成词，一个多重因素平衡融合的产物，更是一个历史的概念。版权伴随印刷术发明与推广的历史进程渐兴渐起，从萌芽之初就与印本紧紧相连，可谓“有版才有权”；此后版权又在历史环境的发展变迁中不断扩充内涵，延伸脉络。时至今日，印本与版权依旧在继续书写新的历史叙事，在版权保护的锦匣之内，我国缤纷琳琅的印本承载着它千年来一以贯之的使命——向世界传播源远流长、深沉灿烂的中华优秀文化。

于梦晓　中国版权保护中心研究人员、文学博士

## 一、权之何往：版权的发展以及与印本的相互关系

要而论之，版权指创作者对其文学和艺术作品所享有的权利，[①] 印本正是这些“作品”中的重要一环。版权由何而来？印刷术催生版权，这一观点已成为众多学者的共识。只有以印刷替代耗时费力的手工抄写，书籍卷本才能相对高效地批量复制，更为广泛地流传。沿着历史的维度，经过了一道道工序纷至沓来的印本不仅渐渐堆叠出了书商、作者、读者之间的经济桥梁，更使得版权的思想观念从历史的地平线上破土萌发。而由版生权之后呢？权是怎样的权，谁可以享有，又如何保护……回溯千年时间，面对这一与印本密切相关的权利，前人已然留下了思考与践行的印记，层层累积勾勒出了版权的发展历程。

既然版权因印刷而生，那么发明印刷术的中国，也顺理成章地领先世界数百年，最早于刊印之间产生了版权思想，开启了版权保护的探索。有宋一代，文化鼎盛，官方对古籍经典进行缜密系统的整理，并大量编纂新书；文人以苦心孤诣著述立说为重要追求，正如苏轼诗中所云“著书不复窥园葵”，自然将作品与名誉视若和璧隋珠。墨斋竹轩之外，熙熙攘攘的繁华都市孕育出空前兴旺的商业，雕版印刷极大发展，活字印刷也已出现，书籍印售成为可谋衣食的产业，这些都为版权观念的萌发提供了丰沃的土壤，甚至可以认为版权是此时社会文化发展的必然产物。从官府

① 世界产权组织官方网站［EB/OL］.［2023-04-19］https：//www.wipo.int/copyright/zh/.

而观之，无论是通行于世的历书律法还是官方刻印的各部经典，均关系国计民生，体现政府的正统与权威，不容篡改翻版；在作者眼中，文论集萃、诗韵英华俱为积年辛勤所作，若被嗜利之徒剽窃盗刻，不免“窜易首尾”、面目全非以至误人批阅，须得追版劈毁；在书肆刻坊看来，搜寻善本、聚集工匠、精刊细校皆“所费浩瀚”，盗刻之书将直接威胁原版书商的生存，因而必须竭尽所能保护版权，以防盗版抢占市场以至财源流失。

“翻版有例禁始于宋人”，此时版权保护的方式，除前文已用整章详细介绍的牌记之外，另一主要措施就是以官府文告警示各方，同时采取行动禁绝盗版。如熙宁四年（1071）官方诏谕“民间毋得私印造历日”，禁止盗印事关四季农时的历书。熙宁八年（1075）国子监新修经义之书，交由杭州、成都府路转运司雕版，并公告四方“禁私印及鬻之者”。

文告与禁令不仅仅针对官方所刻之书，在民间，遭遇侵权的一方也可上陈官府，请求发布文告“禁约书坊翻板”，以维护权益。如前文牌记一章中所述被假借姓名发表《和元祐赋》的范浚，最后正是通过向官府申诉的方式，借助异地移送的公文，强制销毁了侵权建阳书商的刻板。

又如嘉熙二年（1238），祝穆向官府申请保护，以求其编纂刻印的《方舆胜览》《事文类聚》等书免遭盗版侵扰。两浙转运司于是发布榜文，令“衢婺州雕书籍去处张挂晓示”，如有违者将“乞追毁版，断治施行”。此外鉴于当时建阳等地盗印不绝，这篇公告还被移送至福建转运司处，以期协同保护。

再如淳祐八年（1248），段维清呈请国子监保护《丛桂毛诗集解》的作者段昌武及刊印者罗樾的权益。国子监在公告中，既表明已给予罗樾“公据”，彰示官方认可的刻印发行地位，又“备牒两浙路、福建路运司”要求“约束所属书肆”，对于翻刻盗版的“违戾之人”一经发现即“追板劈毁，断罪施行”。

正如学者郑成思所言，宋代的版权保护并非仅仅针对出版者，作者同样可以维护印本之上所凝结的创造性劳动成果。[①] 自宋以降，牌记示权及官府颁文的举措在历朝历代都沿袭了下来，作为保护印本版权的两种主要方式发挥着不可忽视的作用。不仅如此，我国古代的版权观念与保护措施还随中华典籍一同传播至朝鲜半岛、越南、日本等地，至今在其古书印本中仍可观得当年源于中国的影响，对此我们将在后文继续介绍。

跟随时间的脚步将目光转到西方，印刷术在欧亚大陆历经数个世纪的辗转后传入欧洲。15 世纪中叶，德国人谷登堡以中国人毕昇发明的活字印刷原理为基础，改进了印刷机及金属活字印刷工艺，与同为中国传入的造纸术相结合，极大加速了印本生产传播的进程。知识与阅读挣脱了镶金嵌宝的束缚，逃离了织锦堆绣的遮隐，版权在欧洲的演进序幕也随之拉开。

“在中世纪，权利、自由和社会存在的每一种形式都表现为一种特权，一种脱离常规的例外。”[②] 后世的权利脱胎于曾经的特

① 郑成思 . 知识产权论［M］. 北京：法律出版社，1998：24–25.

② 中央编译局 . 马克思恩格斯全集（第 1 卷）［M］. 北京：人民出版社，1995：381.

权，从特权的前夜来到版权的拂晓，这一发展历程以英国最为典型。16 世纪的英国，纸墨字符夜以继日地排列组合，不仅推动了图书印刷行业的壮大，也引起了君主的警惕。为强化政治宗教的舆论控制，1556 年英国王室授予钦定的伦敦书商公会（Stationers' Company）特权，非该公会成员不得印刷出版书籍。这一特权法令使英国王室与书商公会各得所需：王室加强了对印刷品的审查监管，公会书商凭借垄断地位攫取了丰厚利益。在之后约一个半世纪的时间内，尽管相关法令曾更迭变化，但笼罩于图书印本之上的书商特权却一直没有彻底消散，先后接续的法令更像是统治者和书商之间达成的契约，一个从版权视角观之，本应居于核心的角色——“作者”始终处于缺位状态。特权禁止他人翻印复制，而作者却无力阻止那些原创的文字被窃取传印；特权帮助书商尽收印本生产发行之利，作者却没有明文律法保障其从图书的复制中获得应有的酬劳。

17 世纪末，英国的书商特权已经难以为继，新的现实因素于此消彼长的涌动间冲击着特权向权利嬗变。政治方面，经过英国革命的动荡变迁，议会取代了君主成为书商特权的来源，但在 1694 年议会却不再续展法令，特权失去了合法性的根基。人文思想领域，洛克的劳动价值理论植根于民众观念中，人们渐渐意识到印本所负载的除了灵感激发的文字，还有因倾注辛劳而理所当然归于作者的财产权利。与此同时，印本盗版的猖獗程度与日俱增，亟须建立新的秩序加以规制。而曾享特权的书商也不会坐视翻印专有权随风而逝，在以眼泪与巧言轮番游说请愿未果后，他们开始着手摹仿出版特权再次塑造正当性的基础，进而将目光锁定在了“作者”身上，原本缺位的角色被推至舞台前排，近代版权历史的新一页被提上了日程。

1709 年，英国议会通过了世界第一部版权法《安娜女王法》[1]，首次明确了作者的权利主体地位，指出由“印刷成册的图书”即印本带来的权利应首先为作者所享有。因而该法令的目的也在于防止作者的作品被擅自翻印出版，以鼓励有识之士多加创作，增进知识传播。书商可对图书印本的发行享有禁止他人翻印的专有权，但这项权利的来源已转到了作者，只有得到作者的让渡方可获得。同时，法令明确规定了权利的期限，为新的印本首次出版之后的 14 年，届时若作者仍在世则可再延长 14 年。

当然，《安娜女王法》并未立刻改变作者在事实层面的地位，印本书商依旧处于利益链的中心环节。作者除了以一定价格将权利转让给手握重金、控制市场的出版商，似乎别无他法。甚至法令在作者与印本之间强制建立起的追溯联系，或可为出版管控提供便利。[2] 事实上，此时“版”（copy）与“权”（right）两词还尚未合二为一构成“版权”（copyright），[3] 法令规制的重点是印本的复

① 该法令的原名可译为《为鼓励知识创作而授予作者及购买者就其已印刷成册的图书在一定时期内之权利的法》（见郑成思．版权法（修订本）［M］．北京：中国人民大学出版社，2009：13.），《安娜女王法》只是后人冠以时任女王安娜之名的简称。

② 金耀．历史视野中版权主体的确立与变迁［D］．重庆：西南政法大学，2012.

③ 郑成思．中外印刷出版与版权概念的沿革［A］．见：中国版权研究会编．版权研究文献［M］．北京：商务印书馆，1995：108.

制权。有学者将《安娜女王法》视为版权演变中的一个“驿站”。[1]不可否认，这是版权发展路途上至关重要的一站：权利被赋予了作者，原本的特权变为普罗大众均可享有的私权，此后版权的繁荣滋长皆以作者为中心展开。

印刷生权，权归作者，而印本所载的究竟是作者的何种权利？在这一问题上经历了启蒙思想与大革命洗礼的法国做出了不同于英国的阐释。1793 年法国颁布了《著作权法》，将作者的精神权利置于首要地位，印本之上的作品被视为作者思想、情感乃至人格的延伸，因而作者享有署名、发表、修改、保持作品完整等一系列权利，若脱离这一基点，其他如经济权利等都将无从谈起。也正是因为法律只强调对作者——而非印刷商或其他人——的权利保护，所以出版商的翻印权等问题法律不作规定，只能通过合约向作者求取转让。体现“天赋人权”思想的法国《著作权法》是版权演进历程上的又一座里程碑，近代版权制度也逐渐分出了重视作品财产权利与强调作者精神权利两大体系的畛域。

印本承载版权，印本所处的新环境会要求版权作出相应的新变化；而符合特定形势、兼顾各方平衡的版权制度，又将为印本生产流通的欣欣向荣保驾护航，印本与版权之间始终贯穿着这样的相互作用。

《安娜女王法》的颁布正适应了彼时英国的现实需求，又在相当程度上推动了后续印本的生产传播。18 世纪的英国，特权垄断

① 李雨峰 . 从特权到私权：近代版权制度的产生［J］. 重庆：重庆大学学报（社会科学版），2008（2）：90–95.

的打破使得地方商人争相踏足印刷业，印本产量因此急剧飙升。[1]加之作者可将版权转让给书商以换得金钱回报，一批批考虑市场需求、以追求经济利益为目的的作者群体相继涌现，图书印刷流通领域呈现出一派同期欧洲大陆无可匹敌的繁荣之景，英国迅速成为当时世界性的印本生产与传播中心。[2]

“由于开拓了世界市场，使一切国家的生产和消费都成为世界性的了。”[3]作为主要图书出口国的英国，在印本的国际传播中逐渐面临着新的棘手问题：对外输出的作品在他国屡遭盗印，仅仅依靠当时英国与个别国家的双边条约提供版权保护可谓心余力绌。与之相似，19 世纪初的法国也已拥有较为发达的印刷出版业，但深受他国特别是同样使用法语的邻国比利时的翻刻复制之害。在很长一段历史时期内比利时都是非法印制法国作品的中心，盗版规模之大严重损害了法国作者与出版商的利益。[4]“当狄更斯等英国作家的作品被美国出版商狂加抢夺之时，法国著者也饱尝来自瑞士、德国、荷兰尤其是比利时的盗版之苦。”[5]印本的国际性交流大势已然要求版权保护跨出新的历史步伐。

---

① 李斌 .18 世纪英国民众阅读的兴起［J］. 天津：历史教学，2004（7）：29–33.

② 马秀谊，唐允 .18 世纪英国图书出版业发展的影响因素及其运作机制研究［J］，北京：科技与出版，2017（4）：112–116.

③ 中央编译局 . 马克思恩格斯全集（第 1 卷）［M］. 北京：人民出版社，1995：276.

④ 郑成思 . 版权法（修订本）［M］. 北京：中国人民大学出版社，2009：447.

⑤ Joseph, G. . Charles Dickens，International Copyright，and the Discretionary Silence of Martin Chuzzlewit［J］. New York: *Cardozo Arts & Entertainment Law Journal*, 1991: 523–534.

1886年9月，包括英国、法国、瑞士、比利时、意大利在内的10个国家于瑞士伯尔尼缔结了《保护文学和艺术作品伯尔尼公约》，简称《伯尔尼公约》。该公约以保护作者对文学艺术作品享有的权利为目的，以国民待遇、自动保护及版权独立为三项基本原则，兼顾经济权利与精神权利。次年《伯尔尼公约》正式生效，这标志着印本与作品开始得到国际性的版权体系保护。值得注意的是，作为国际舞台日渐崛起的力量，美国在之后百年的时间内都未曾加入《伯尔尼公约》，其权衡之处或许在于：当印刷出版与文化传播尚不足够发达时，保护外国版权将损害美国的经济利益。[①]

目光再次移回东方，重新聚焦印刷术的诞生地。19、20世纪之交，在列强侵略下门户开放的中国，一系列新变化正在围绕着印本的出版流通悄然发生。西方机械化石印术的传入，显著提升了印本的生产效率，大幅降低了图书刊印的成本，促进了清末出版业的繁荣。这一方面使得中国的有识之士可以纷纷出版翻译西方著作，利用印本传播世界潮流下的科技知识、思想文化；另一方面，也使得商人涉足这一行业变得更加有利可图。在此过程中，知识分子不仅秉承着中国文人千百年来对精神权利的重视，而且也渐渐受到近代西方版权观念影响，意识到印本之上载有本应属于自己的财产权利。而市井工坊之内，利益的诱惑也驱使盗版翻印活动更加肆意妄行，出版书商强烈希望印本的复制能得到更为完善的保护。

① 郑成思．版权法（修订本）[M]．北京：中国人民大学出版社，2009：446.

同时，列强也在敦促晚清政府修订条约，保护其国作品在中国不被私自编译、翻印。如1903年，《中美续议通商行船条约》明文规定包括“译为华文书籍”在内的“美国人民所著作”，在中国享有10年的印售专利。就当时的印本出版与文化影响而言，中国之于美国的弱势显而易见，实力悬殊较美国之于英法等国更大。美国不加入《伯尔尼公约》保护外国版权，却签订条约要求中国维护美国版权，皆为避免自身利益受损，而中国除在条款限定上尽力斡旋争取外无从选择。

面对版权领域诸多前所未有的新形势，无论是以牌记注明“不许翻印”等警示之语，还是上呈官府备案并请求发布公文加以保护，此时虽仍都在发挥作用，但现实的变迁已迫切需要制度层面的革新。

1910年末，我国历史上第一部版权保护法律《大清著作权律》颁行，含通例、权利期限、呈报义务、权利限制、附则共五章55条，明确规定了著作权的概念、权利主体与客体范围、权利取得方式、权利期限与限制、侵权处罚措施等问题，另有附件内含呈请注册的范式。为解当务之急，该法侧重于财产权，强调对“专有重制”即复制权的保护。权利必须经注册登记才可获得，一般由作者终身享有，身故后由继承人再享有30年。权利人若遭侵损可向审判衙门呈诉，“罚例”一节列举了对侵权方处以罚金、赔偿原告损失、“将印本、刻板及专供假冒使用之器具没收入官”等处罚措施。

《大清著作权律》颁布于中国社会变革前夕，但并未被时局的山雨欲来之势湮没。法律施行后不久即引起了国际关注，1911年瑞士伯尔尼公约办事处总理向清政府驻奥大臣致函，表示已通过德国报纸得知《大清著作权律》相关消息，并向中方索求德文或英、法文译本，[①] 该法已然在国际印刷出版及版权领域激起了涟漪。实际执行层面，当时的清政府虽已是风雨飘摇，但《大清著作权律》也未落为一纸空文，资政院、民政部等机构曾就法律的实施工作发布文告，民政部也为注册登记积极培养机构人员；[②] 辛亥革命后该法也因不与民国相抵牾而继续沿用至 1915 年。短短时间内留存下的大量登记商务印书馆等出版原著、译著图书的注册档案，[③] 以及各类对内、涉外版权案牍资料都表明《大清著作权律》确实在印本复制等版权保护问题上发挥了实际作用。[④]

《大清著作权律》更重要的意义还在于它的首创性以及对后续版权立法的影响。作为我国第一部专门性版权法，它标志着世界上率先探索版权保护的中国，步入了以成文法律在全国范围内进行系统性保护的新阶段，是中国近代版权制度建构的肇端。之后，北洋政府与南京国民政府曾分别于 1915 年和 1928 年先后制定《著

① 周林，李明山 . 中国版权史研究文献［M］. 北京：中国方正出版社，1999：97.

② 王兰萍 . 近代中国著作权法的成长（1903—1910）［M］. 北京：北京大学出版社，2006：166.

③ 刘春田 . 中国著作权法三十年（1990—2020）［J］. 北京：知识产权，2021（3）：3-26.

④ 王兰萍 . 近代中国著作权法的成长（1903—1910）［M］. 北京：北京大学出版社，2006：167.

作权法》，这两部民国时期的版权法在立法框架、术语概念、条款制度等方面均深受《大清著作权律》影响，在很大程度上继承了该法的核心部分，可以视为《大清著作权律》两次无实质性变化的翻版。

新中国成立以来，版权保护体系继续着逐步完善的历史进程，以1990年《中华人民共和国著作权法》为界可划分为前后两个时期。在前一时期内，我国并未颁布专门性版权法，印本版权保护等工作主要依靠政策与行政法规加以规制。1950年通过的《关于改进和发展出版工作的决议》明确出版业应尊重版权，“不得有翻版、抄袭、篡改等行为”，这是新中国首部涉及版权保护的行政法规。1953年《关于纠正任意翻印图书现象的规定》重申一切机关团体不得擅自翻印出版社出版的书籍、图片，以尊重版权，并对版权保护进行了更为具体的指导规范。1984年《图书期刊版权保护试行条例》颁布，“版权”首见于新中国行政法规名称中。1986年与1987年先后出台的《关于内地出版港澳同胞作品版权问题的暂行规定》《关于出版台湾同胞作品版权问题的暂行规定》进一步扩大了版权规范的主体范围。

随着改革开放后与世界文化交流的不断扩大深入，历史发展的篇章又在寻求新的合辙押韵。我国印本发展的新局面，以及思想观念层面对版权法制的新诉求，都需要版权保护体系再次做出新的变化。1990年9月7日第七届全国人民代表大会常务委员会第十五次会议通过了《中华人民共和国著作权法》，自1991年6月1日起实施。作为新中国首部版权专门法，它标志着我国进入了版权保护的崭新历史时期。之后 30 年间为适应日新月异的现实环境,《著作权法》先后进行了三次修正从而更加完善。也正是在这一时期，我国开始与国际全面接轨，自 1992 年加入《伯尔尼公约》和《世界版权公约》起，中国的版权保护事业全方位走出国门，融入世界，在与各国的交流互鉴中汲取经验，为国际版权新秩序的构建积极贡献着中国方案与智慧。

## 二、玉轴载文：中华文明跨文化传播的重要载体

21 世纪的五分之一已从历史的沙漏中簌簌流走，Web 3.0 时代呼之欲出，一日千里的数字技术让知识的检索获取更加轻松智慧，原本聚焦于印本书页之上的阅读形式也早已变得灵活多样。而恰在“未来已来”的当下，一方面数字智能编织出崭新的时空维度，另一方面印本也依然占据着一席之地。这或是因为印本信息线性化、固定化的呈现逻辑有助于增进思维理解能力，或是印本对于读者视力、情绪等方面较其他形式更为友好安全；[①] 或是印本凝固稳态的文本空间带来了无可替代的阅读沉浸及内容掌控，或是由视、听、触、嗅等感官共同参与的实体互动，营造出独特的阅读

---

① 印刷文化（中英文）编辑部 . 柳斌杰谈印刷文化：印刷术的发明不亚于当今互联网对人类的影响和改变［J］. 北京：印刷文化（中英文），2020（1）：9–12.

仪式感，并激发出读者更加强烈的情感投入……[1] 总之，印本正拥有默默浸润、娓娓道来的力量，时至今日仍是记录知识、传承文化的重要媒介。

纸书久远，玉轴载文。在这片最早诞育印本的土地上，中国人凭借智慧与劳动创造出了浩如烟海的典籍，而印本跨越山川、漂洋过海，也将中华文化传播至异国他乡。在古代东亚地区，以印本为核心的“汉籍之路”向外辐射，促进了“汉字文化圈”的形成；[2] 近代以来，镌刻中国精神的印本走入全球版权贸易，向世界讲述五千年文明中璀璨生辉、更仆难数的篇章，寻求全人类共享价值的交汇，唤起海外读者的共鸣。

本章前文已提及，印本曾将源于我国的版权观念与保护手段传播到了日本、越南与朝鲜半岛。如日本江都书肆嵩山房刊行的《论语古训外传》封面有“不许翻刻，千里必究”之记，公元 1830 年大阪书林群玉堂刻印的《先哲丛谈后编》有“千里必究，不许翻刻”的警示，又如越南阮朝《御制越史总咏》印有“翻刻必究”之语，以上实例可谓本书前文归纳的“明文禁止翻刻盗版”“警告翻印侵权后果”两类牌记的直接移植。

而越南阮朝《国朝律例撮要》中的“已呈统府，翻刻必究”之记，还借鉴了中国古籍牌记中“表明已上报官府存案”的方式，

---

① 于文 . 无可替代的实体空间：论数字时代的纸质阅读［J］. 北京：中国编辑，2022（10）：20–25.

② 印刷文化（中英文）编辑部 . 柳斌杰谈印刷文化：印刷术的发明不亚于当今互联网对人类的影响和改变［J］. 北京：印刷文化（中英文），2020（1）：9–12.

震慑不轨之徒勿生翻版妄念。

此外，在朝鲜半岛，以儒学为主体的治国理念于朝鲜王朝时期得到确立，加之彼此的官方往来与民间交流都较为频繁密切，故而中国典籍曾对当时的朝鲜产生了可观的文化影响。针对儒学经典，朝鲜不仅书籍刊刻颇多，雕版、活字并用，还形成了汉文释义与谚文释义等不同的注解版本系统。与此同时，前后跨越数百年的朝鲜印本之上，也明晰地展现出了中国版权理念与实践方式的影响。

朝鲜时期传播的“四书”“五经”主要以明永乐敕命编纂刊行的《四书五经大全》为最初底本。[①]《三经四书正文》有“崇祯三乙未芸香阁活印”牌记，奎章阁本《孟子正文》有“尊贤阁校正，秘书阁新镌”牌记，启明大学本《孟子大文》牌记为“万历二十八年庚子取庐江书院活字印出于鸡林府”，咸兴府刻《大学章句大全》牌记为“万历四十年三月日咸兴府开刊”，公元 1686 年成均馆梓行的《大学章句大全》册末刊有“丙寅四月日成均馆重刊”，京畿道开元寺本《中庸章句大全》有“丙申三月北汉城开刊”之语，以上牌记均明确标注了书堂刻坊的名称或位置，甚至同时道出所依活字的来源，不蔽他人之功。

另有 1820 年刊行的《论语正文》《孟子集注大全》《大学章句大全》《中庸谚解》牌记均为“庚辰新刊内阁藏板”，奎章阁本《论语》牌记为“南汉永宝阁藏板”，公元 1824 年所刻《孟子集注大

① 蔡英兰 . 朝鲜时期《大学章句大全》版本研究［D］. 上海：复旦大学，2013.

全》印有“甲申新刊岭营藏板”，公元1810年《大学章句大全》册末镌“岁庚午仲春开刊全州府河庆龙藏板”，公元1828年庆尚监营活字本《大学章句大全》镌“戊子新刊岭营藏版”。在以上实例中，我们都可观得“表明自身已藏板存证”这一占据重要地位的古籍牌记类别所产生的影响。

近代以来，世界市场逐步形成，印本图书在全球范围的版权贸易如火如荼地展开。版权贸易指在版权许可或版权转让过程中产生的贸易行为，为无形财产权贸易，可依作品载体的不同而分为多种类型，印本图书是其中的重要组成部分。[1] 版权为印本的全球传播护卫领航，促进人类精神文明成果为世界所共享；版权贸易则为印本的国际交流注入了必不可少的经济活力，推动文明互鉴绵绵不息。

20世纪初，西方思想、知识、技术大量传入中国，在双方的文化交往中是更为强势的一股流向；而中华文化也以博大精深的底蕴，在对外印本版权贸易中展现出了韧性与生命力。

在这一阶段的叙事中，辜鸿铭是必为后人提及的硕学大儒。1911年，他的《中国牛津运动故事》被译为德文《中国反对欧洲观念的辩护：批判论文集》，由德国欧根·狄特利希斯出版社出版，但本书的授权及付酬情况尚不可考。[2]1924年，辜鸿铭所著《中国人的精神》德文版由欧根·狄特利希斯出版社在获取授权后翻译出版，书中以儒家文化的君子仁义思想谈论西方近代化问题的解决

---

① 辛广伟.版权贸易与华文出版［M］.石家庄：河北人民出版社，2001：1.

② 辛广伟.版权贸易与华文出版［M］.石家庄：河北人民出版社，2001：14.

之道，这应是对外图书版权贸易信而有征的开篇之作。

林语堂也是此段历史中的重要角色。1935 年，其所著《吾国与吾民》在美出版，一度荣膺全美畅销书排行榜榜首，并旋即吸引欧洲多国购得版权推出本国文字版。美国著名女作家赛珍珠将其视为“关于中国最完备、最重要的一本书”，侧面表明该书的出版为当时西方世界进一步了解古老的中国推开了片尺轩窗。

新中国成立后，中国国际书店统一经营印本书刊进出口贸易业务。1953 年 5 月，国际书店与英国劳伦斯出版公司签订协议，委托其在英国出版《毛泽东选集》英文版，这也是新中国的首次合作出版。改革开放后，印本版权贸易逐步迎来新的发展。此时的合作主要为版权输出，多由中方出版社提供图书内容，如照片等，由外国出版公司海外发行。[①] 英、法、意、日、塞尔维亚文版大型画册《中国》，中、英、法、日文版画册《中国——长征》，日文版《中国石窟》《中国工艺美术丛书》等都是此阶段较有影响力的合作项目。1986 年，北京国际图书博览会首次举办，为我国包括印本图书在内的对外版权贸易交流提供了新的窗口。1988 年，中华版权代理总公司成立，成为我国内地首家版权代理机构，为版权贸易的更进一步成长准备了条件。伴随 1990 年新中国《著作权法》颁布、1992 年加入《伯尔尼公约》和《世界版权公约》，我国印本的国际版权贸易也开启了突飞猛进的发展新阶段。

1990 年，我国图书版权输出不足 400 项，在此后 30 余年间以

---

① 辛广伟 . 版权贸易与华文出版［M］. 石家庄：河北人民出版社，2001：26.

年均约12%的增长速度跃升，至2021年图书版权输出已达11,795项，取得了今非昔比的质的蝶变。[①] 当前，我国图书版权输出地缘范围持续扩展，除继续深耕美、英、德、日、韩等传统世界市场外，还随“一带一路”倡议的深入及丝路书香工程等项目的开展，取得了对南亚及周边地区、阿拉伯、非洲东部、中东欧、南美洲等国家和地区输出较快增长的可喜成绩，面向俄罗斯的版权贸易也成为近年来印本版权对外输出的重要一环。同时，更多出版社以“走出去”的姿态设立海外机构，输出形式日趋多元化、本土化。如北京语言大学出版社于2011年在美国注册成立梧桐出版有限公司，至2017年该分社已占有北美中文教学市场20%的份额，成为北美地区三大核心中文教学出版商之一。[②] 又如对于“一带一路”国家地区，中译出版社与罗马尼亚拉奥出版社、总部位于西班牙马德里的英国里德出版社、印度普拉卡山出版社、斯里兰卡海王星出版社等机构合作，分别成立“中译—罗奥”“中译—里德”“中译—普拉卡山”“中译—海王星”等多个中国主题国际编辑部。[③] 据不完全统计，截至2020年5月，我国已累计有500余

---

① 1990年数据为内地200家出版社数据，取自辛广伟. 1990—2000年十年来中国图书版权贸易状况分析（1）[J]. 北京：出版经济，2001（1）：9–11；2021年数据取自国家新闻出版署2021年新闻出版产业分析报告［EB/OL］.［2023-04-19］https: //www.nppa.gov.cn/nppa/upload/files/2023/2/c07a62b3512cfb1a.pdf

② 郝运，戚德祥. 北京语言大学出版社北美分社建设经验及启示［J］. 北京：现代出版，2018（3）：64–66.

③ 应妮. 中国出版发力海外内容生产成立7家国际编辑部［EB/OL］.（2017-08-24）［2023-04-19］https: //www.chinanews.com/cul/2017/08-24/8313187.shtml

家出版企业在海外与主流机构合作，建立形式多样的分支机构，[①]以求更加敏锐地捕捉海外读者的本地需求，推动我国优秀图书走入更为广阔的国际天地。此外，各类图书国际展览活动持续贡献力量，如截至2022年，北京国际图书博览会已成功举办29届，吸引来自世界100多个国家和地区的2600多家海内外展商参展，成为国际第二大、亚洲国际化程度最高的书展，也是我国目前最具国际影响力的书展平台。[②]

印本无声，却似有金声玉振之铿锵，典籍深沉，正若云蒸霞蔚之琳琅。印刷有版，版上生权，印本载文，文以化人。版权最早萌发于千年前的中国，而今又保护与推动着我国的优秀印本，及其所承载的中华文道走向海天之交，走入远洋繁星，向世界不同文明展示中华文化立根铸魂所依托之精髓，讲述和谐发展、自强不息、革新求变、海纳百川等等凝结着无数先人思想与实践智慧的中国故事。

---

① 范军，邹开元．"十三五"时期我国出版走出去发展报告［J］. 北京：中国出版，2020（24）：3-10.

② 北京国际图书博览会官方网站介绍［EB/OL］.［2023-04-19］https: //www.bibf.net

# 结语

本书从“大印刷”“大出版”“大书史”“大阅读”的视野、从文化遗产保护与利用的角度、从“新时代”的高度，探讨了印本的形成、印本文化的内涵、价值、传播与印本文化的精神弘扬等领域的相关重点问题。另外增加一个专题“版权视域下的印本文化”，从古今中外版权意识的产生演变与版权制度形成发展的历史文化层面，探索印本文化的知识生产与传播利用与版权管理和版权贸易之间的伦理与法律关系，阐述版权贸易和版权输出与印本文化价值和民族文化精神的传播之关系。本书力求紧扣时代主题，着眼现在，面向未来。

通过对印本文化的多维度考察，我们最后还是要强调这样的观点：从历史与现实的角度来看，印刷媒介及其承载的印本文化仍然在社会发展中发挥重要推动作用。从媒介的未来发展趋势上来说，所有媒介都具有其独特的功能和不足，必然会实现相互依存并共同演化。应当看到，新媒介的产生并不是要取代旧媒介，而是根据人的需求互为补充、互相融合。在今天这样一个数字化时代，印本与数字出版物二者并存，传统印本并非要被新兴的文化产品所取代，电子读物的生产与普及恰恰是对传统印本不足的有效补充。随着人们文化认知的不断提高，人们将会进一步认识到印本的特性与价值，其历史文化价值与社会功能等始终是其他形式的文化产品所无法代替的，印本不会因数字化、网络化、智能化媒介的传播从人们的视野消失。印本遵循长期以来人们形成的阅读文化，具有数字出版物不能代替的存在价值。印本阅读能弥补数字阅读轻思考、重浏览的缺陷，能够更有效地培养读者良好的阅读方式和习惯。通过二者的有效弥合，可以增进阅读内容的丰富性、阅读方式的灵活性以及阅读渠道的多样性，进而实现沉浸式阅读。因此，印本与数字图书将会长期共存，并发挥各自的优点，服务面向不同的读者群体，在相互补充中为推动人类文明发展做出积极贡献。

纸质媒介与数字媒介已成为相互补充的载体，在功能方面相辅相成，二者的结合彰显出巨大魅力，印本文化也因此焕发生机。媒介融合是未来发展不可阻挡的趋势，在新的发展背景下，我们应当对传统的印刷媒介与印本文化进行不断反思，并在融合中善于把握机遇，直面困难和挑战，争取抓住技术革命的机遇推动传统印刷媒介变革，促进印本文化获得新发展。当下，在媒介融合进程中，已经显见这种融合意识以及媒介发展的趋势。

作为从事印刷文化、印本文化传承和传播的从业工作者，我们一方面要正确认识当今媒介融合时代数字媒介与印刷媒介的辩证关系，还要站在新时代发展中国特色社会主义文化的高度，努力挖掘我国印本文化的内涵与价值，大力保护并活化利用我国印本文化遗产，推动我国印本文化对外传播与版权输出，从而更好地传播与弘扬中华民族的文化价值与文化精神，这是时代赋予我们的历史使命。

# 后记

本书作为国家社科基金特别委托项目成果之一，本来是准备以文字报告的形式结项的。课题主持人与作者在讨论交流、组织撰写过程中，愈加感到印本文化在文化传承发展中的重要性，感叹它是中华文化绵延不绝、保持文化连续性的最直接呈现。印本是中华优秀传统文化传承发展的重要载体，由此凝结的印本文化是中华优秀传统文化的重要组成部分。当下，每年几十万种印本出版发行，已经在现代大众精神文化生活中不可或缺。印本文化也使得读者大众日常用而不知、用而不觉。或许，这就是文化沁润人们心灵本来的样子。每每于此，我就想：应有一些人当史海钩沉、梳理探微，从印本呈现、印本文化的形成与保护、藏书的保护利用、印本文化的未来、印本牌记与版权、版权贸易与印本文化的相互关系等，做些有益探寻和凝练。期望本书为感兴趣者以及有志于深入研究的同仁，做一些铺垫和基础性工作。

作为从世界范围内历史地看待印本文化的课题研究成果，《世界印刷文化史》的撰写接近尾声，也将很快与读者见面。《纸书久远：印本文化研究》一书的作者撰写分工是：第一章谷舟，第二章杨石华，第三章彭俊玲、彭诗雨，第四章孙宝林，第五章彭俊玲，第六章刘甲良，第七、八章杨利利，第九章于梦晓。

赵香同志为课题研究和本书稿的成书，做了大量协助和具体推动工作。中国青年出版社尚莹莹同志给予了热情鼓励和指导。该书编辑团队做了大量具体编辑工作。在此一并向为本书编辑出版做出努力的同仁致谢！

编者

2023 年 8 月